BIM技术在市政基础设施建设中的应用

姚智文　刘云龙　主编

中国海洋大学出版社
·青岛·

图书在版编目（CIP）数据

BIM技术在市政基础设施建设中的应用 / 姚智文，刘云龙主编. —青岛：中国海洋大学出版社，2021.10

ISBN 978-7-5670-2963-7

Ⅰ.①B… Ⅱ.①姚… ②刘… Ⅲ.①市政工程—基础设施建设—计算机辅助设计—应用软件 Ⅳ.①TU99-39

中国版本图书馆CIP数据核字（2021）第211275号

出版发行 中国海洋大学出版社
社　　址 青岛市香港东路23号　　**邮政编码** 266071
网　　址 http://pub.ouc.edu.cn
出 版 人 杨立敏
责任编辑 由元春　　**电　　话** 15092283771
电子信箱 94260876@qq.com
印　　制 日照报业印刷有限公司
版　　次 2021 年 11 月第 1 版
印　　次 2021 年 11 月第 1 次印刷
成品尺寸 185 mm × 260 mm
印　　张 12.5
字　　数 214 千
印　　数 1 ~ 1000
定　　价 39.90 元
订购电话 0532-82032573（传真）

编委会

前言

BIM（Building Information Modeling）即建筑信息模型，指的是包含建筑物全部信息的模型系统，在建筑物设计、建造、维护、管理的全生命周期发挥作用。BIM技术作为新一代设计理念和技术，已被国外诸多著名的建筑、结构、施工公司在项目中成功应用，是设计行业继计算机辅助设计（CAD）后的第二次设计革命。

BIM的概念已经存在近40年了，但直到2002年创立Revit软件的公司被Autodesk公司收购后，BIM才被应用于商业产品中。2002年后，BIM技术逐渐被国内设计行业所接触，并得到了持续的关注。近年来，BIM在建筑设计、机械设计、市政基础设施、地铁、水厂等行业的应用越来越深入，市政路桥隧也进行了积极尝试并取得了一定的成果。

青岛市市政工程设计研究院自2013年开展BIM技术应用探索以来，先后完成了BIM技术应用项目百余项，应用范围涵盖桥隧、道路、给排水、地下空间、轨道交通、综合管廊、污水处理厂等市政基础设施的各个领域，逐步建立起企业自身的BIM技术应用标准，并协助地铁集团完成企业级BIM技术应用标准。

在具体应用中，通过BIM技术的应用，实现三维地质建模，细化道路断面及路基等各组成单元，并通过模型精细化构建实现工程量快速统计；在桥梁设计工作中实现桥梁上部结构模型创建及相关工程量快速统计模型计算一体化，创建高精度三维钢筋模型，实现桥墩及盖梁正向设计及构造出图、族库的建立，并通过模型一键导入结构计算软件进行计算，大幅提高了设计效率。同时，基于BIM技术的开展应用，已实现了超大曲面景观雕塑结构、异形曲面结构桥梁等的技术突破；在管线设计工作中核查管线之间、管线与桥墩等其他建构筑物的关系，提高设计精确度。

通过数据模型无损上传到BIM技术应用平台，进行轻量化处理后，在网页及移动端设备上实现模型的浏览，在施工阶段根据BIM模型及可视化成果，开展了如青岛市双元路拓宽改造工程等的可视化三维技术交底。

在虚拟现实技术的设计应用中，通过三维数据建立三维虚拟环境，在地形、地质分析过程中建立基于细节层次的显示技术和视景分块调度技术，实现了对图形数据和属性数据库的共同管理、分析及操作。

在城市交通规划中，利用虚拟GIS技术实现了城市道路地形及附属设施信息的录入，构建出一个与客观世界相一致的虚拟环境，获得逼真的感知。

在青岛市西海岸风河大桥、胶州三里河景观桥、城阳正阳路人行天桥的设计过程中，利用虚拟现实技术提供全景沉浸式体验，全方位展示设计方案，提供了有力的工具，并大大提高了项目的评估质量。

在市政道路工程仿真中，可以实现从任意角度、距离和精细程度观察工程设计场景，实现多种设计方案、多种环境效果实时切换比较，更真实地体验虚拟道路的通行能力及各个交通路口的管理和控制情况；还可以利用虚拟技术合理有效地改变道路交通布局，为寻找最佳的交通管理和组织提供有效手段。

为实现城市立交、桥梁、综合管廊重要节点层次、位置关系等信息的直观体现，在青岛市高新区西片区综合管廊、新机场高速连接线中，通过自我建立的数据模型，实现异型交通杆件3D打印并导入计算软件Ansys，实现快速、准确计算。Revit合杆模型与3D打印相结合，实现1∶10实体模型的直观展示，得到了建设单位的一致好评及认可。

在工程总体方案的设计比选中，利用技术手段，实现了BIM模型与倾斜摄影的融合，直观展现工程方案与现状厂区、场地、道路、铁路等构筑物的关系，使甲方、审批单位更好地了解、认知工程总体方案，便于建设单位决策。

基于倾斜摄影，全方位展示项目建成后与周边环境及建筑之间的尺度关系，精确把握拆迁范围，实现了三维数据真实反映地物的外观、位置、高度等属性的真实性；实现了快速采集影像数据、实现全自动化三维建模的高效率、高精度；通过可量测影像数据，输出DSM、DOM、三维网格模型、点云数据模型等多种数据成果，实现数据的高利用率。

在青岛胶东国际机场高速连接线工程中，全线桥梁上下部构件均采用清水混凝土工艺，其中上部结构为预制装配式小箱梁，共计1 200片。我们借助数字化技术，优化预制装配式桥梁外观，模型转换后用于桥梁不锈钢模板的精确加工及复杂曲面模板配置的动态优化，模板拼装精度0.2 mm，保证了现浇构件清水混凝土的外观效果，并解决了预制装配的精细化生产和管理问题，助力预制装配式桥梁在全市的推广。同时基于BIM数字化模型，完成了异型路缘石批量化加工生产和现场安装，预制装配式路缘石项目成果成功申报了山东省住房和城乡建设厅课题项目。

为充分发挥软件各自建模优势并综合运用其他软件，将多软件协作建立的设计模型、倾斜摄影模型采用Autodesk、Bentley、鸿城数据平台等平台软件进行整合集成，实现各软件之间的信息共享和模型互通，进行模型浏览、数据查看，利用单位服务器及个人高性能BIM工作机，可顺利完成方案对比、漫游、测量等操作，最大化实现模型利用率，并为后续施工及运维应用打下基础。同时，基于鸿城平台BIM合模成果，实现上下游专业数据互通，在协同设计基础上，进行BIM模型成果校审、会审工作。

截至2020年年底，该工程设计应用共参与省市级BIM应用大赛32项，“创新杯”“龙图杯”“科创杯”“金标杯”等全国性BIM大赛27项，应用领域逐步从单一的工程设计领域向工程建设全过程领域覆盖。

目录

第一章

BIM 技术的应用发展

工程建设企业信息系统的普及推广和基于网络协同工作等新技术在工程中的应用，也推进了 BIM 技术的发展。BIM 技术的应用为工程建设全生命周期的各种决策及多方协同提供了数字化基础，可实现市政工程设计阶段数据管理的协同共享。

BIM 技术的应用，对实现工程全生命期信息的有效管理和共享具有重要意义。目前来说，受限于技术发展的现状和设计人员掌握 BIM 技术的程度，在设计领域，二维 CAD 设计与三维 BIM 设计交叉重复现象比较严重，在三维环境下直接开展 BIM 正向设计研究还较缺乏。

市政基础设施的建设具有系统复杂、建设周期紧、面广量大、运营周期长、安全需求高等特点。随着对工程建设和运营要求的不断提高，传统的二维平面已很难满足其设计要求，因此需要引入新的科技手段来解决这一问题。众所周知，在市政快速路建设的过程中，存在着不合理压缩项目设计周期的现象，这就使得市政快速路建设的质量与周期成为业内极为关注的话题。在 CAD 的传统快速路设计工作中，由于各专业二维图纸设计存在一定的独立性，使得碰撞检查较难进行。此外，市政快速路项目会涉及各个专业，各专业之间信息传递和转换的不对称现象时有发生。为了尽可能减少因设计不合理而导致的施工反复、资源浪费现象，亟待将 BIM 技术引入到快速路的项目设计中。

BIM 技术在道路、桥梁、隧道设计方面的应用能对道路桥梁物理特点和功能进行强化，促进道路桥梁使用寿命的延长。因此，在路桥隧的设计方面，需要加强对 BIM 技术的合理应用，促进设计工作的优化发展，为道路桥梁设计工作的优化开展提供良好的支持。

第一节　BIM在设计优化应用中的特点与作用

将 BIM 理念和地理设计思想应用到道路设计过程中，结合先进的三维地理信息技术，提升设计的科学性。和传统的 CAD 道路设计软件相比，BIM 技术具有以下特点：① 基于 BIM 的面向对象参数化建模，实现道路设计信息和模型的统一，实现道路快速模拟与调整。② 实现在 BIM 模型框架下的场地、交通、照明的协同设计，减少方案冲突，提高设计效率。③ 结合三维地理信息展现和分析技术，实现在道路 BIM 基础上的项目策划、成本估算和施工过程模拟；实现设计方案的交互式调整和实时模拟、分析以及可视化和量化的分析成果，指导方案的优化。④ 实现在道路 BIM 基础上的项目决策、施工模拟、交通仿真和道路信息管理等项目管理功能。

1. BIM 技术可以提供准确的技术支持与数据支撑

BIM 技术具有的典型特点之一就是可视化与较高的精确协调性，它往往可以在道路桥梁存在较大起伏时准确地估算出道路的工程量，还可以将传统过时的二维设计转化为与时俱进的三维立体设计，这都使得设计中的各个构成部件之间形成一种互动的联系，也促使着 BIM 技术在我国的道路桥梁设计应用中有着广阔的市场前景。

此外，BIM 技术可以提供准确的技术支持与数据支撑，就在于它可以利用虚拟仿真技术，在优化升级道路桥梁施工方案的同时还能确保绿色施工，在提供指导依据的同时反馈出科学客观的工程信息数据。总之，BIM 技术在道路桥梁设计优化中有着广泛的应用。

2. BIM 技术能最大化地提高施工质量，实现集约化管理

BIM 技术的另一突出特点就是拥有先进的表达设计理念与显著的模拟分析能力，有利于直观清晰地了解城市道路桥梁中的潜在问题，并进行及时有效的反馈以对设计方案进行论证与调整。

再者，BIM 技术能够通过模拟系统来完美地呈现出各个部分的构建，还可以辅助以必要的自定义参数来解决道路桥梁设计中遇到的烦琐复杂的难题。提高施工质量与实现集约化管理可以有效地减少由于沟通交流不当带来的麻烦，还能精准地为下一步计划做出有利的规划指导。在道路桥梁设计应用中，BIM 技术可以从整体上大大提高施工效率与质量，最大化地节约工程成本与防治后期的返工，详细全面地呈现出工程的空间信息。

3. 优化道路桥梁的施工模拟且完善数据统计

一方面，就优化施工模拟与改进施工技术来说，是在充分利用 BIM 技术的基础上来检测道路桥梁的施工方案与设计方案。BIM 技术还在深入考察研究各个不同区域道路桥梁的实际情况下进行不断的改革创新，在严格遵循“与时俱进，开拓创新”的原则上优化施工模拟，制订出更加完善科学的道路桥梁施工方案。另一方面，就完善数据统计与及时沟通交流来讲，BIM 技术在道路桥梁设计优化方面的应用要坚决避免出现交流不当导致的资金损失，这里面涵盖着丰富详细的信息数据资料，及时有效地对道路桥梁在各个施工阶段的运营状况做出分析比较可以弥补漏洞与差错。另外，还可以采取的方式就是建立、健全完善的信息管理平台。

4. 创新协同化的工作模式，提升道路桥梁的设计质量与成本控制力度

近年来，BIM 技术正逐步从建筑行业转向了道路桥梁设计优化领域中，一般情况下，道路桥梁的工程结构形式更加趋于复杂多样且技术要求水准普遍都比较高，这就给 BIM 技术提出了更高的要求与挑战，要不断地创新协同化的工作模式，提升道路桥梁的设计质量与成本控制力度。最基础的就是构建好临时设施、桥梁构件、场地部件及施工机械等各个方面所需要的 BIM 模型，还可以直接生成施工图纸以及最大化提升设计质量，兼顾好各种道路桥梁的材料报表。BIM 技术模型的运用不仅有利于业主控制成本与减少不必要的资金损耗，还有利于促进道路桥梁工程朝着优良产业化的方向迈进。

第二节　BIM技术在路桥隧设计方面的具体应用

在对 BIM 技术的特点和优势形成明确认识的基础上，为了促进道路桥梁设计工作的稳定发展，形成更为科学的设计模式，在实际设计工作中，应结合实际情况对 BIM 技术的应用进行分析，确保基于 BIM 技术的应用能够促进道路桥梁设计工作真正实现优化发展，支撑道路桥梁工程的稳定运行。

1. 在工程设计数据支持方面应用 BIM 技术

在道路桥梁设计工作中，结合具体的设计需求，可以将 BIM 技术应用到技术支持和数据支持方面，在整合相关数据的基础上切实提高道路桥梁设计工作的实际效果。在具体应用方面，要明确认识到道路桥梁工程设计方面可能会遇到方案在设计过程中存在较大起伏工程量的问题。此时，将 BIM 技术应用其中，就能对工程量的数值进

行准确评估，并且将平面设计图纸转变为三维立体的设计模型，方便施工设计人员更好地把握设计方面不同构件之间的互联关系，增强设计的合理性，真正借助虚拟仿真功能为工程设计提供技术和数据支持，促进工程设计效果的全面提高。

2. BIM 技术在施工现场分析方面的应用

在道路桥梁工程设计方面，对设计进行优化时，如果合理应用虚拟技术，设计师则能更好地分析施工场地的地理环境、地质条件等，并对施工实际情况进行科学系统的分析，进而按照实际情况对设计思路进行适当调整，增强设计的可行性和施工的合理性，确保能实现对工程设计成本和施工成本的有效控制。在对道路桥梁工程现场情况进行分析的过程中，利用 BIM 技术能及时发现施工现场存在的问题，进而降低施工返工的可能性，确保可以对工程项目实施集约化管理，及时按照施工活动变更设计方案，为道路桥梁工程设计工作的稳步推进奠定坚实的基础。在施工现场对项目组织进行协调的过程中，设计人员结合 BIM 技术掌握相关信息，能为道路桥梁工程设计方面场地模型机械和物料资源的运送进行合理化安排，进而在统筹管理的基础上加快施工进度，最大限度地减少施工风险，推动施工设计质量不断提高。

3. BIM 技术在道路桥梁设计科技研发方面的应用

在道路桥梁工程设计方面，BIM 技术的应用不仅体现在具体设计环节上，与科技研发也存在紧密的联系，将 BIM 技术应用到道路桥梁设计科技研发工作中，能促进科技研发工作的持续稳定开展。因此，在对道路桥梁中心线设计、三维建模设计、地形图设计及横断面设计进行分析的过程中，可以加强 BIM 技术的应用，争取能对各项设计要点进行优化，促进设计质量的提高。在具体应用 BIM 技术的过程中，还要注意对相关设计人员进行积极有效的教育和培训，为设计人员提供专业的技术指导，更好地加强对 BIM 技术的应用，增强科技研发的效果。BIM 技术在地形图研发方面的应用，便于在道路桥梁施工过程中更好地开展各项工作，促进施工效果的提高，为道路桥梁施工设计工作的持续、优化开展创造良好的条件。

第三节　BIM技术在路桥隧设计各阶段的应用

一、规划阶段

BIM（建筑信息模型）流程，有助于缩短设计、分析和进行变更的时间，最终可以评估更多假设条件，优化项目性能。

二、勘测阶段

多年来，国内外学者陆续将 BIM 技术及 GIS、GPS 技术引入到公路勘测中，勘测和设计工具可以自动完成许多耗费时间的任务，有助于简化项目工作流。使用 BIM 可以在更加一致的环境中完成所有任务，包括直接导入原始勘测数据、最小二乘法平差、编辑勘测资料、自动创建勘测图形和曲面；能够以等高线或三角形的形式来展现曲面，并创建有效的高程和坡面分析。

三、设计阶段

（1）道路建模。可以帮助我们更高效地设计道路和高速公路工程模型，例如创建动态更新的交互式平面交叉路口模型。同时，可以利用内置的部件（其中包括行车道、人行道、沟渠和复杂的车道组件），根据常用设计规范更迅速地设计环岛，包括交通标识和路面标线等；或者根据设计标准创建自己的部件。由于施工图和标注将始终处于最新状态，可以使设计者集中精力优化设计。

（2）工程量计算与分析。利用复合体积算法或平均断面算法，更快速地计算现有曲面和设计曲面之间的土方量。使用生成土方调配图表，用以分析适合的挖填距离、要移动的土方数量及移动方向，确定取土坑和弃土堆的可能位置。从道路模型中可以提取工程材料数量，进行项目成本分析。

（3）自动生成施工平面图。如标注完整的横断面图、纵断面图和土方施工图等。使用外部参考和数据快捷键可生成多个图纸的草图，这样，在工作流程中便可利用与模型中相同的图例生成施工图纸。一旦模型变更，可以更快地更新所有的施工图。

（4）轻松处理变更与评审。因为数据直接来自模型，所以报告可以轻松进行更新，能够更迅速地响应设计变更。如今的工程设计流程比以往更为复杂，设计评审通常涉及非 CAD 使用者，但同时又是对项目非常重要的团队成员，这样就可以利用更直观的方式让整个团队的人员参与设计评审。

（5）多领域协作。道路工程师可以将纵断面、路线和曲面等信息直接传送给结构工程师，以便其在软件中设计桥梁、箱形涵洞和其他交通结构物。

四、施工阶段

目前，BIM 技术正在欧美发达国家迅速推进，并得到政府和行业的大力支持。如美国已制定国家 BIM 标准，要求在所有政府项目中推广使用 IFC（Industry Foundation

Classes）标准和 BIM 技术，并开始推行基于 BIM 的 IPD（Integrated Project Delivery，集成项目交付）模式。IPD 模式是在工程项目总承包的基础上，把工程项目的主要参与方在设计阶段集合在一起，着眼于工程项目的全生命期，基于 BIM 协同工作，进行虚拟设计、建造、维护及管理。如今，引入 IPD 理念和应用 BIM 技术，已成为当前国内施工企业打造核心竞争力的重要举措。

另外，通过基于 BIM 的碰撞检测与施工模拟，进行结构构件及管线综合的碰撞检测和分析，并对项目整个建造过程或重要环节及工艺进行模拟，可以提前发现设计中存在的问题，减少施工中的设计变更，优化施工方案和资源配置。目前常用的碰撞检测与施工模拟软件主要是 Autodesk Naviswork 和 Bentley Navigator。

五、运营养护阶段

多年来，国内外学者陆续将 BIM 技术及 GIS 技术引入公路信息化管理，在公路建设、路政执法和资产管理方面取得较好的效果。美国联邦公路局将 GPS、GIS 及多媒体视频等技术应用到公路资产管理，可以迅速地定位查看损坏的公路资产视频，保证了道路的安全性。

目前，我国公路养护系统一般采用传统的二维地图显示方位信息。公路系统内包括运营、路政、养护等多个部门，各个部门有各自的信息系统，彼此之间的数据也是由各自部门维护，采用不同的数据格式和交换格式，导致无法整合到统一的地理数据平台上进行有效的数据共享，从而使得部门之间难以实现高效协同。

目前，最有效的方式是将 BIM 和 GIS 结合起来，利用移动数据采集系统提供道路养护检测所需要的数据，再通过利用统一的数据标准，实现地理设计和 BIM 相结合，在此基础上建立基于 BIM 的交通设施资产及运营养护管理系统。利用整合后的 BIM 模型信息，将公路资产管理与养护集成到三维可视化平台，同时基于 BIM 模型，提出预防性养护决策模型，为公路资产管理、道路养护管理等提供管理决策平台。

第四节　政府层面的推动与支持

近年来，国务院、建设部以及全国各省市政府等相关单位，在推广 BIM 技术方面也做了很多的工作，相继颁发了 BIM 的相关政策。到目前我国已初步形成 BIM 技术应用标准和政策体系，为 BIM 的快速发展奠定了坚实的基础。

从 2014 年开始，在住建部的大力推动下，各省市政策相继出台 BIM 推广应用文件，到目前我国已初步形成 BIM 技术应用标准和政策体系，为 BIM 的快速发展奠定了坚实的基础。2017 年，贵州、江西、河南等省市正式出台 BIM 推广意见，明确提出在省级范围内推广 BIM 技术应用。2018 年，各地政府对于 BIM 技术的重视程度不减，重庆、北京、吉林、深圳等多地政策出台指导意见，旨在推动 BIM 技术进一步应用普及。我国出台 BIM 推广意见的省市数量逐渐增多，全国 BIM 技术应用推广的范围更加广泛。

2017 年 02 月 24 日，《国务院办公厅关于促进建筑业持续健康发展的意见》（国办发〔2017〕19 号）中指出加强技术研发应用，积极支持建筑业科研工作，大幅提高技术创新对产业发展的贡献率。加快推进建筑信息模型（BIM）技术在规划、勘察、设计、施工和运营维护全过程的集成应用，实现工程建设项目全生命周期数据共享和信息化管理，为项目方案优化和科学决策提供依据，促进建筑业提质增效。

2017 年 9 月 2 日，《交通运输部办公厅关于开展公路 BIM 技术应用示范工程建设的通知》中指出，在公路项目设计、施工、养护、运营管理全过程开展 BIM 技术应用示范，或围绕项目管理各阶段开展 BIM 技术专项示范工作。具体任务包括：提升公路设计水平，提高公路建设管理水平，推进公路养护管理信息化。

2017 年 12 月 29 日，《交通运输部办公厅关于推进公路水运工程 BIM 技术应用的指导意见》中指出：到 2020 年，相关标准体系初步建立，示范项目取得明显成果，公路水运行业 BIM 技术应用深度、广度明显提升。行业主要设计单位具备运用 BIM 技术设计的能力。BIM 技术应用基础平台研发有效推进。建设一批公路、水运 BIM 示范工程，技术复杂项目实现应用 BIM 技术进行项目管理，大型桥梁、港口码头和航电枢纽等初步实现利用 BIM 数据进行构件辅助制造，运营管理单位应用 BIM 技术开展养护决策。要把握工程设计源头，推动设计理念提升；打造项目管理平台，降低建设管理成本；加强 BIM 数据应用，提升养护管理效能；推进标准化建设，研发应用基础平台；注重数据管理，夯实技术应用基础。

2019 年 12 月 3 日，《交通运输部关于印发〈交通运输重大技术方向和技术政策〉的通知》（交科技发［2015］163 号），将“桥梁智能制造技术”列为交通运输十项重大技术方向和技术政策之一。针对未来我国桥梁智能建造技术的发展，提出以下几点思考与建议。

（1）构建架构完善的技术体系。目前的桥梁智能化建造技术研究及应用实践非常零散，需打造从基础层、支撑平台、关键技术、产品及应用的五个层次技术体系。

（2）加强核心领域的技术攻关。还需继续对涉及智能建造的桥梁设计、装配式结构、高性能材料、施工与装备、传感与监控、运营管理等开展深入研究，推进全产业链的智能化发展。

（3）提升核心技术的统筹能力：大数据、物联网等都是以计算机专业为主导的新兴技术，如何统筹这些技术在桥梁建造中的应用成为关键。

（4）打造专业齐全的研发团队：目前我国在工程技术、工程管理方面的人才队伍较为齐备，但智能建造相关领域人才仍严重缺乏，亟须建立智能建造技术研发团队和人才梯队，培养一定数量既懂工程技术又具有数字化思维的复合型人才。

第二章

«« BIM 技术在轨道交通建设中的应用

地铁作为城市交通的主动脉，是城市的重要基础设施，具有投资大、规模大、建造复杂等特点，后期运维需要投入更大的人力、物力去管理数量庞大的设施、设备。BIM 技术可为地铁全生命周期管理提供数据基础。

地铁是一个多专业的系统工程，涉及专业四十余个，其中，地铁车站作为地铁重要的组成部分，被誉为 mini 型城市综合体，具有空间小、设备多、管线杂、工期紧等特点。传统二维设计在空间、整体、协同方面有其局限性，尤其是管综专业，差、错、漏、碰问题严重。

BIM 以三维数字技术为基础集成了建筑工程项目的各种相关信息，可用于设计、建造、管理等。在城市轨道交通建设项目中推广应用 BIM 技术，尤其是在设计阶段的方案设计、可视化表现、土建及设备各专业协同工作、土建设计及管线综合的自动碰撞检测、施工图设计等诸方面发挥其优势，有利于设计变更后的系统校核、对施工深化指导等，可以大大提高建筑工程的集成化程度，将设计乃至整个工程的质量和效率显著提高。

城市轨道交通前期规划阶段，在可行性研究的基础上利用 BIM 思想能够构造出城市交通的三维模型。这个模型的构成元素包含地质条件、道桥情况、管线地形、特殊建构筑物等固有特性，还包含自然科学、技术研究、社会科学、人文经济等方面的信息和资料，如人口密度及组成、城市经济结构、出行分布等。基于这些模型信息能够进行线网规模日客运量、日换乘量、轨道线网平均运距等各种分析和计算。

在方案设计和初步设计阶段，建立车站三维实体模型，能够从全局把握车站周边地上地下的地形、道路、管线、建构筑物等情况，快速直观地推敲车站建筑主体和附属体量，还可结合车站一体化开发的范围、造型等，剖析其功能布局。随着项目的不断推进，一般会探索多个设计方案。这些方案可以是概念上的方案设计，也可以是详细的。

工程设计。BIM 使用设计选项允许建筑师利用一个模型同时开发和研究多个备选方案。由于模型的直观可视化和可靠性，业主方、设计单位可以运用BIM模型相互沟通，发现设计问题，进行方案的论证和优化，更大限度地发挥 BIM 的价值。

设计单位在方案设计、初步设计乃至施工图设计阶段，均可按各个专业分类：建筑工程师、结构工程师、设备工程师等在一个设计平台上协同工作。建筑专业以墙柱、楼板、屋顶、门窗等构件为基本图元；结构专业以梁、板、柱为主；设备专业的基本图元构件较多，大致分成水、暖、电、消防等几个系统。每一种基本图元都可以组合成复杂的体量，被归成“族”，类似 CAD 的“块”。最终，由各专业协同工作、搭建出完整的 BIM 模型。

第一节　BIM技术在世纪大道高架车站中的应用

一、项目概况

（1）工程概况。地铁 13 号线位于西海岸新区，线路起点为开发区的嘉陵江路站，终点至董家口火车站，线路全长约 61 km，设地下站 9 座，高架站 13 座，项目总投资 247 亿。

（2）项目特点。地铁 13 号线为青岛地铁首次全线深度应用 BIM 技术，以全生命周期为目标，利用 BIM 优化设计，解决传统设计中不能解决的难题。

（3）应用背景。地铁是一个多专业的系统工程，涉及专业四十余个，其中车站作为地铁重要的组成部分，被誉为 mini 型城市综合体，具有空间小、设备多、管线杂、工期紧等特点。传统二维设计在空间、整体、协同方面有其局限性，尤其是管综专业，差、错、漏、碰问题严重。地铁作为城市交通的主动脉，是城市的重要基础设施，具有投资大、规模大、建造复杂等特点，后期运维需要投入更大的人力、物力去管理数量庞大的设施、设备。BIM 技术可为地铁全生命周期管理提供数据基础。

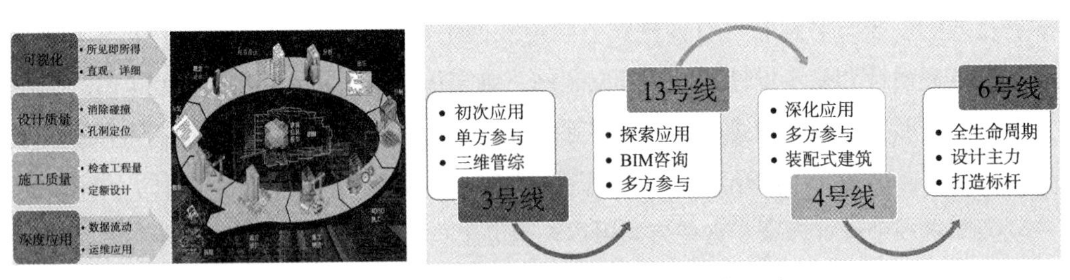

图 2–1–1　BIM 技术优点及青岛地铁 BIM 应用过程

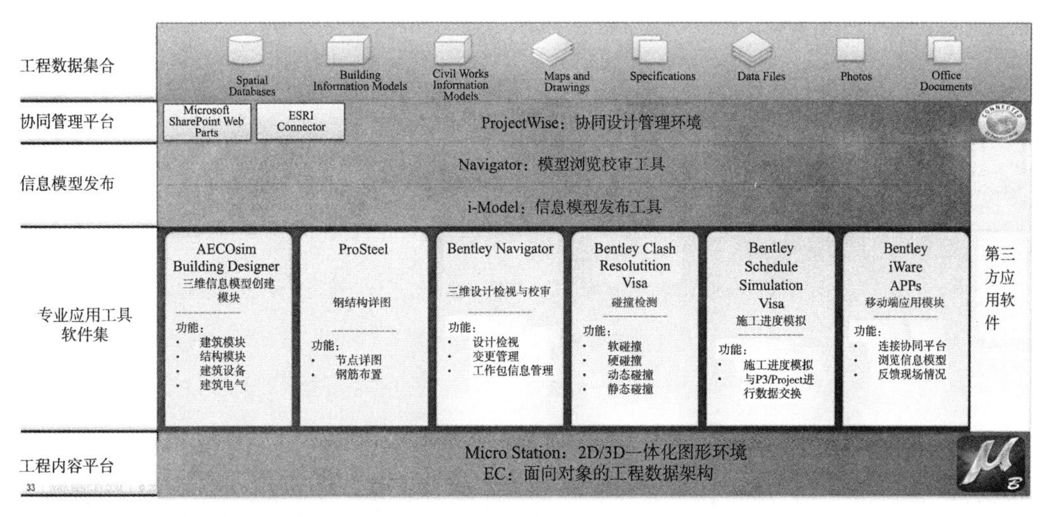

软件	应用	输出
ArcGIS dji	1. 采用GIS软件+航拍技术做前期勘察、测绘、方案分析	视频+文本+图片+数据
	2. 采用Bentley软件搭建车站建筑、结构、机电BIM模型，通过参照模式实现多专业数据共通。	模型+文本+CAD+Excel
ProjectWise V8i	3. 采用ProjectWise Explorer进行文件协同管理，支持三维模型轻量化，提高模型运转速度。	可兼容多种格式文件
LUMION	4. 采用Lumion做后期渲染及视频制作，是一个实时的3D可视化工具，提高设计表现效果。	视频
FUZOR VIVE	5. 采用Fuzor做施工模拟和VR展示。	视频+体验
Leica	6. 采用Leica激光扫描+Cyclone点云技术做现场与施工模型	模型复核
Rebro	7. 采用Rebro做机电深化和工厂化加工	生产、算量

图 2–1–2　软件应用及 Bentley 建筑信息模型

二、应用目标

（1）总体目标。探索适用于青岛地铁基于 BIM 技术的全生命周期、全系统的项目管理新模式。

（2）前期目标。建立应用管理标准体系，统一安装系统，统一搭建平台，统一应用软件，统一建模标准。

（3）后期目标。探索开发基于 BIM 的项目综合管理系统，将投资管理、进度管理、安全管理、质量管理、运维管理纳入项目综合管理系统平台。

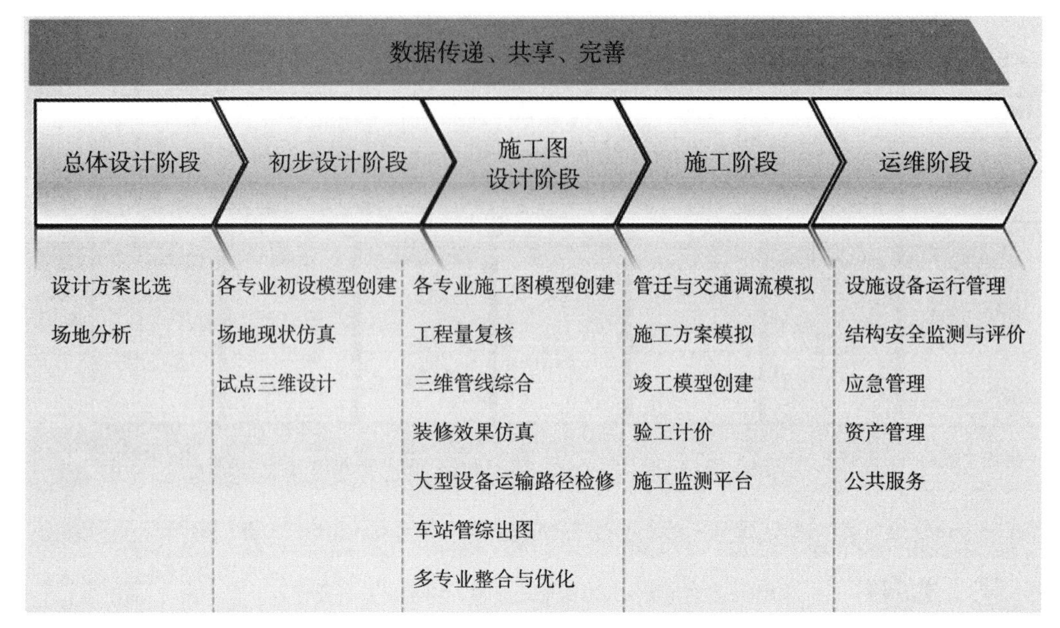

图 2-1-3 BIM 在各设计阶段的应用

三、应用标准

1. 标准建设的重要性

BIM 的概念。在项目的实施过程中，每个参与者在协同工作模式下，利用三维信息模型的模式来表达设计信息，交流设计信息，确定校核设计信息。最终用一个三维的、带有正确信息的三维模型来表达设计，为后期施工和运营提供模型基础。BIM 的核心是：所有参与者在同一个环境下，用同一套标准来完成同一个项目。BIM 的三要素是：对工作内容进行集中存储、对工作环境进行集中管理、对工作流程进行集中控制。

2. BIM 应用于标准建设

编制 BIM 相关的作业标准、指南、流程、办法，为开展全生命周期 BIM 工作奠定基础，包括 BIM 应用建模标准、BIM 应用管理标准、BIM 应用技术指南、BIM 应用实施流程。

四、应用过程

1. 基础应用——可视化

创建土建模型，对车站进行多视口、全方位、无死角三维空间检查、剖面分析，模拟周边环境，充分掌握设计方案，做到设计精细化。

图 2–1–4　世纪大道站路侧两层侧式车站

采用 BIM 设计，搭建车站建筑、结构、管线模型，并在此基础上进行建筑方案优化、管线碰撞检查，并模拟车站周边环境，查看车站整体效果。

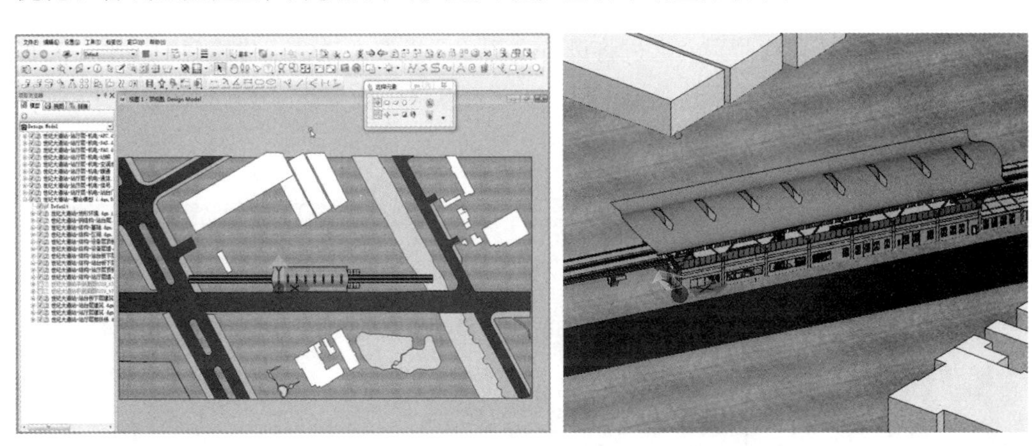

图 2–1–5　BIM 搭建车站建筑、结构、管线模型

2. 基础应用——剖面分析

利用多视口同时立体展示车站的平、纵剖面，可从任意轴线剖切车站，对车站内部空间全方位、无死角地进行检查；利用模型研究车站净空，确定装修标高及站厅层层高，保证乘客体验，避免产生压抑感。运用 BIM 技术对车站扶梯设备与建筑的关系进行检查，发现扶梯底部三角结构结构区域高度较低，此处成为管线布置的难点，在管线排布时重点注意了该处。

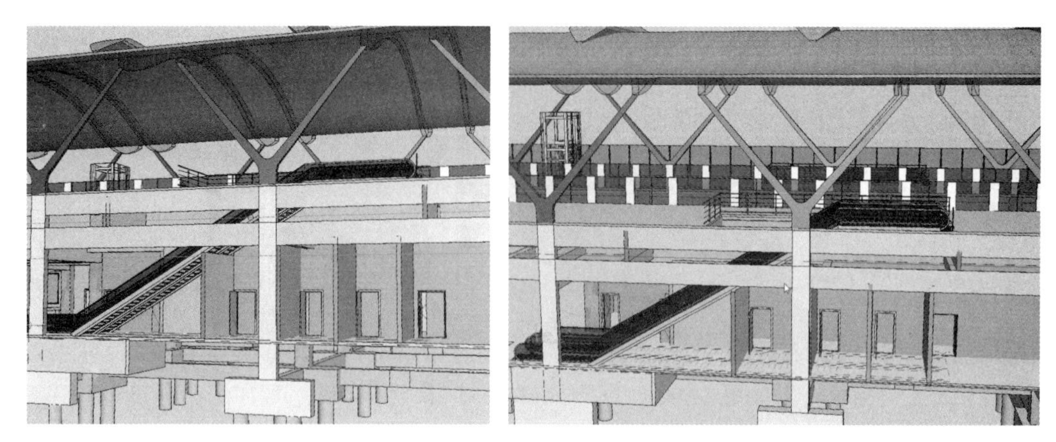

图 2–1–6　BIM 技术对车站扶梯设备与建筑的关系进行检查

3. 基础应用——方案优化

在设备房布置优化阶段，通过将设备模型放入世纪大道站土建模型中分析房间布局，优化房间布置，缩减车站规模。同时，将设备区走廊宽度由 1.6 m 扩大为 1.8 m，方便管线布置。

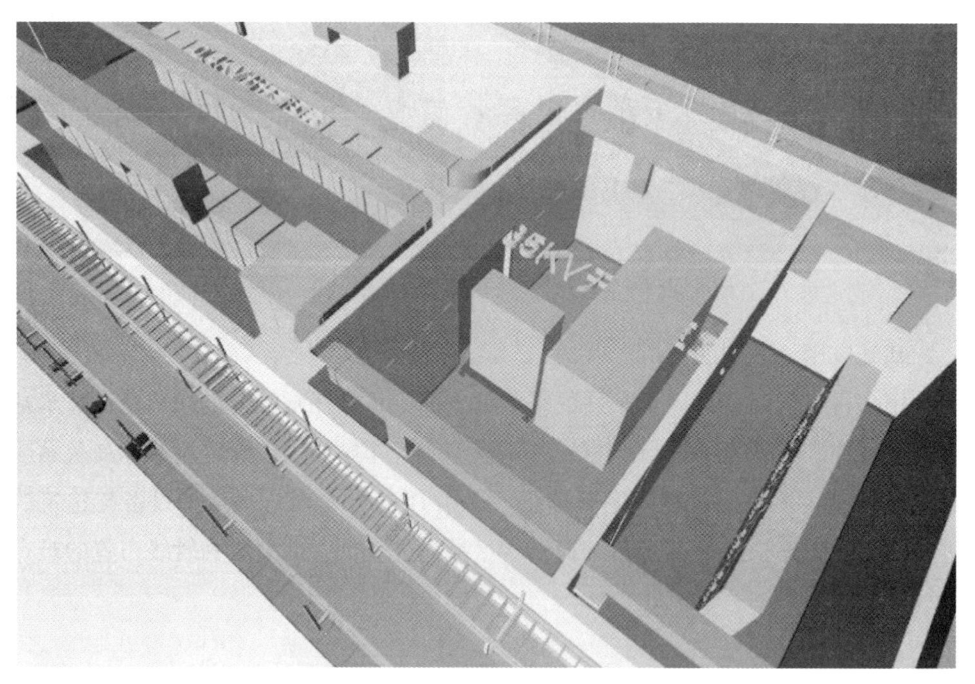

图 2–1–7　世纪大道站设备房优化

站台层中部为 80 m 的有效站台区，每侧站台设置了一组上、下行扶梯以及两部电梯与站厅层联系，通过 BIM 模型将站台层直观地展现出来。在方案优化阶段发现空调候车室放在垂直电梯出口处影响客流流线，于是将其位置调整到了站台层两端。

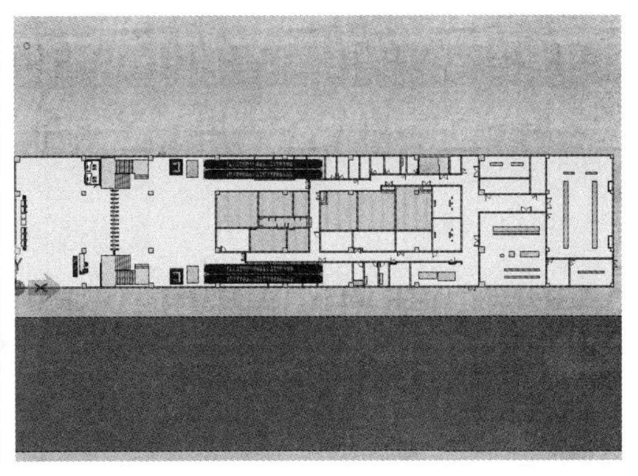

图 2-1-8　世纪大道站站台层优化

站厅层由公共区及设备管理用房组成。设备管理用房集中设置在一端，公共区布置在地面站厅的另一端，公共区由栏杆及进出站闸机分隔成付费区、非付费区两部分。在房间布置优化阶段，通过将设备模型放到建筑模型中后分析房间布局及面积大小，通过直观感受及实际测量优化了房间布置，压缩车站规模约 8.5%，节省了投资，同时统一了全线高架车站房间布置，形成了标准化。

4. 基础应用——三维管线综合设计

三维管线综合设计，解决了管线碰撞（高架站 200 余处，地下站 800 余处），管线排布紧凑有序，层次分明，路由明确，较传统设计提高设备区走廊及公共区净空 70 cm，并留有充足检修空间，提高了综合支吊架的使用效果。

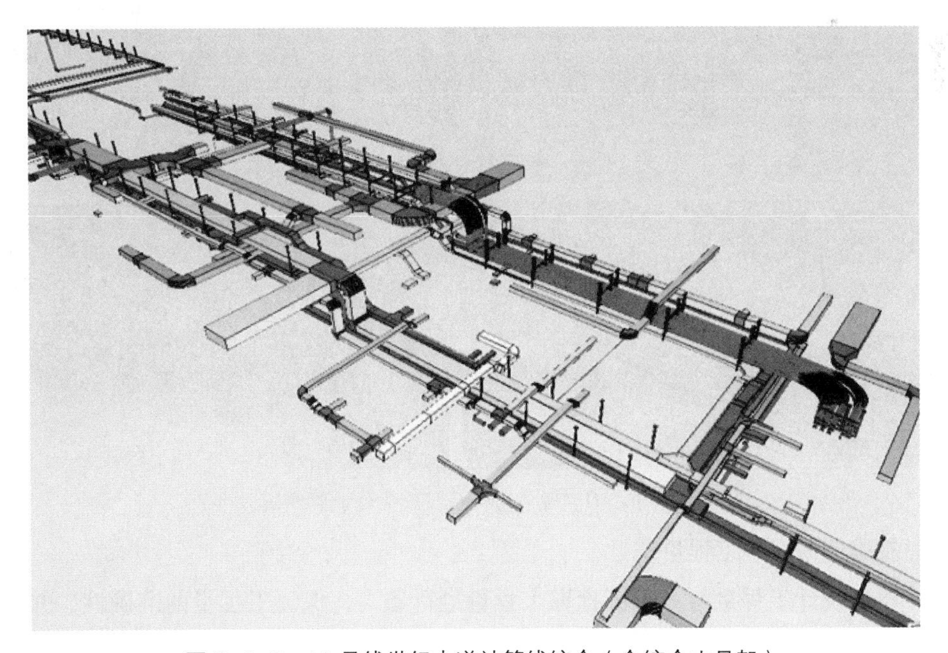

图 2-1-9　13 号线世纪大道站管线综合（含综合支吊架）

车站	阶段	碰撞数量	调整时长	方式	缩短工期
世纪大道站	施工图	235处	60天	集中办公	80天
中铁世博站	施工图	186处	60天	集中办公	80天
大珠山站	施工图	195处	60天	集中办公	80天
古镇口站	施工图	217处	45天	集中办公	90天
中德工业园站	初步设计	163处	15天		
生态园站	初步设计	124处	15天		

碰撞位置	碰撞情况	调整情况	三维截图（调整后）
站厅层C6轴处	大系统风管与强、弱电桥架碰撞	此处大系统风管标高调整至3.8 m，过设备区走廊后下翻（3.4 m）	
站厅层D16 ~ 17轴处	原4层弱电桥架与大系统风管碰撞	弱点桥架改为2排2层通过，底标高3.4 m	
站台层C3 ~ 4层处	强弱电桥架与混凝土风道碰撞	弱电桥架下翻至3.5 m，强电桥架平开，变为1000 mm	

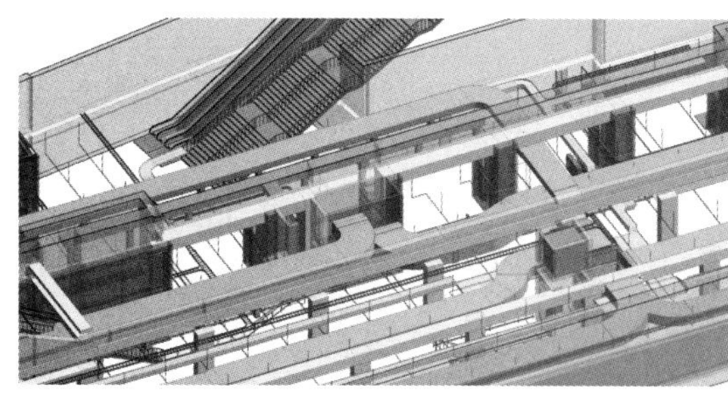

图 2-1-10　碰撞检查及管线优化调整情况

5. 基础应用——工程量统计

将模型统计工程量与二维图提取工程量进行比对，保证工程量的准确性，并为将来进行定额设计打下基础。

序号	项目名称	计量单位	二维图纸工程量	BIM工程量
1	世纪大道站-桩基础C35	m^3	1056.320	1066.05
2	世纪大道站-承台C40	m^3	330.200	365.14
3	世纪大道站-梁C40	m^3	366.000	332.52
4	世纪大道站-柱C35	m^3	157.000	150.46
5	世纪大道站-板C40	m^3	125.260	125.59
6	世纪大道站-墙体	m^3	134.200	132.18

图 2-1-11　世纪大道站部分工程量统计

6. 基础应用——三维交底

采用集中办公及例会制度的工作模式，各方审核并会签后冻结模型，进行三维模型交底，并出具管线安装作业指导书，施工单位将模型深化后进行施工。

7. 基础应用——协同工作

利用协同平台对模型进行集中存储，对工作环境进行集中管理，对工作流程进行集中控制。通过平台管理各方权限，所有变更、提资、通知都通过平台进行，强化协

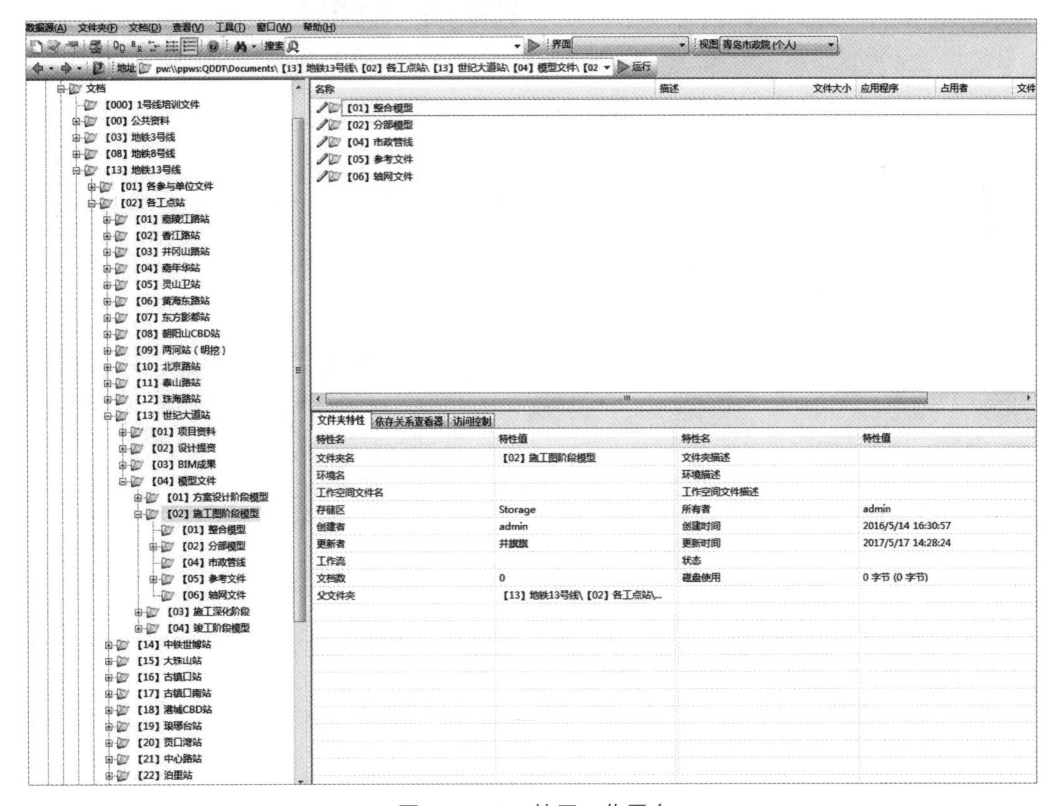

图 2-1-12　协同工作平台

同工作，最终冻结的模型统一上传平台进行管理。

8. 基础应用——构件库

目前，地铁构件库已包含 32 类 500 余个构件。项目设计单位自主创建的构件库有 50 余个（高架区间、车站等），但这远远不能满足 BIM 工作的需求，地铁集团已制定构件创建标准，并在招标中明确要求各设备厂商提供 BIM 模型。

图 2-1-13　构件库

9. 进阶应用——模拟安装

模拟大型设备安装路径，避免因设备安装造成工程返工。世纪大道站通过模拟大型配电柜安装路径避免拆除大量已安装管线。在土建 BIM 模型的基础上进一步深化，全面展示装修方案。

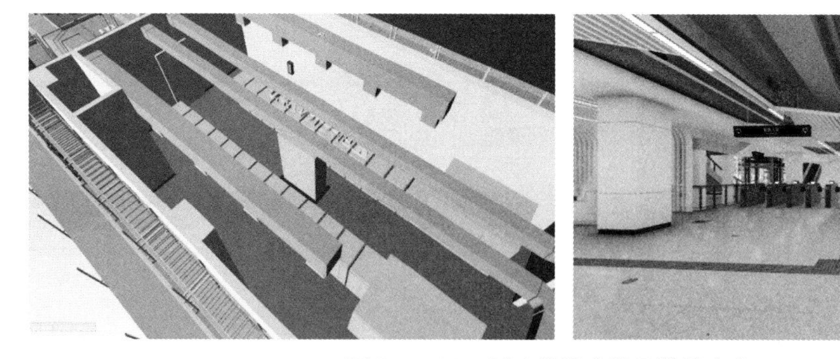

图 2-1-14　BIM 模拟安装及装修方案

10. 施工阶段 BIM 应用点

（1）墙体孔洞预留。依据管综模型生成过墙套管，并生成预留孔洞图纸，实现孔洞在墙体砌筑过程中的精确预留，解决了以往先砌筑后凿墙的落后做法。利用 BIM 技术将预留预埋孔洞准确率提高至 95%（传统设计准确率不足 50%）。

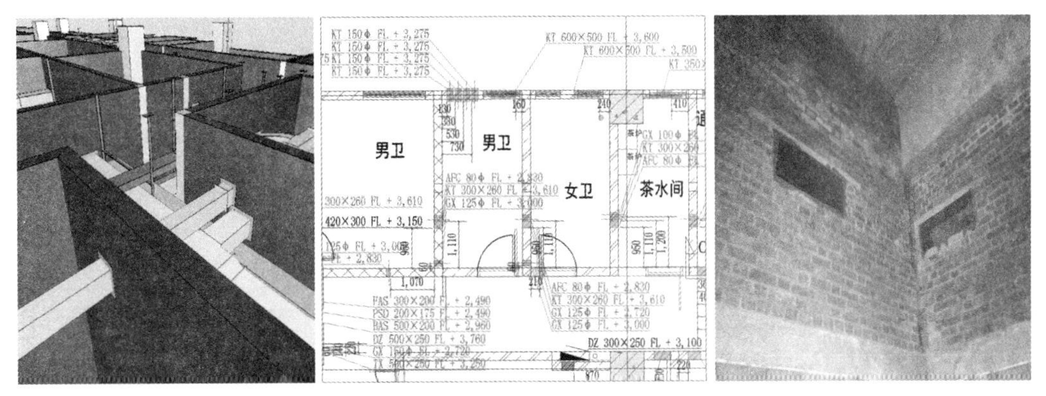

图 2-1-15　BIM 模型墙体孔洞图、自动生成孔洞预留图纸以及施工现场孔洞精确预留

（2）风管、水管、桥架、支吊架工厂化加工。基于 BIM 模型生成风管、水管加工图纸，加工厂依据加工图纸进行工厂化集中加工。对每个构件进行编号后生成唯一的二维码标识，运抵现场后进行模块化安装。

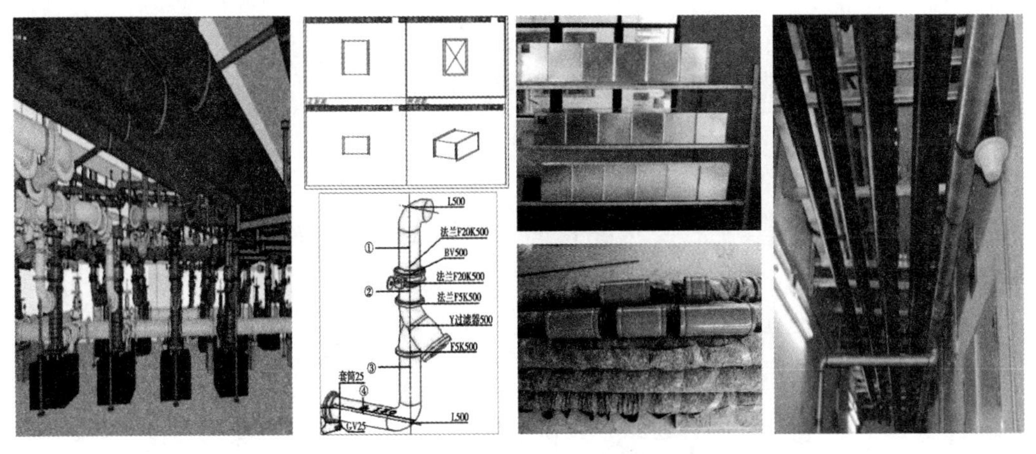

图 2-1-16　BIM 深化模型、加工图纸以及现场模块安装

利用 BIM 软件的编号功能和二维码技术，对风管、水管的每个基本组件进行统一标准编码标识。通过移动设备（平板、手机），以扫码的形式对组件信息进行查询。

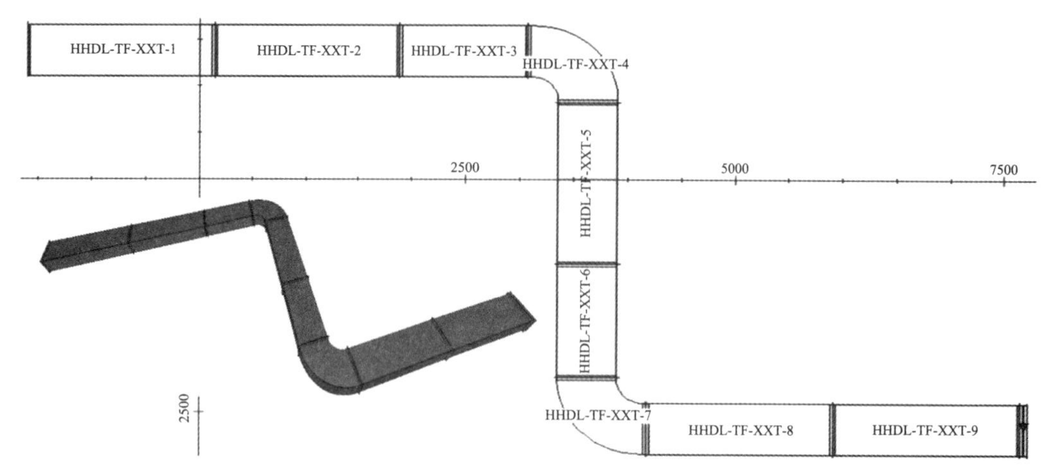

图 2-1-17　BIM 软件自动编号

（3）BIM+3D 扫描仪指导管线精确安装。在管线安装前，提前在 BIM 模型中对关键安装位置进行定点设置，利用三维扫描仪在现场对定点位置进行空间定位。施工时根据指定位置进行管线的精准安装，通过 BIM 技术与三维扫描技术的结合，提高了安装精度与效率。

图 2-1-18　三维激光扫描仪进行空间定位安装

（4）BIM 技术指导三临施工。利用 BIM 模型对施工现场的危险源、安全隐患进行标识，提前发现并排除隐患。世纪大道站以 BIM 模型为指导，高标准地完成了现场的临水、临电、临边工作，提高了现场安全文明施工水平。

图 2–1–19　BIM 模型对施工现场的危险源、安全隐患进行标识

（5）机房深化排布。通过对机房内管线优化排布，提高了机房空间利用率，使空间布局更加紧凑、大方、美观、实用。

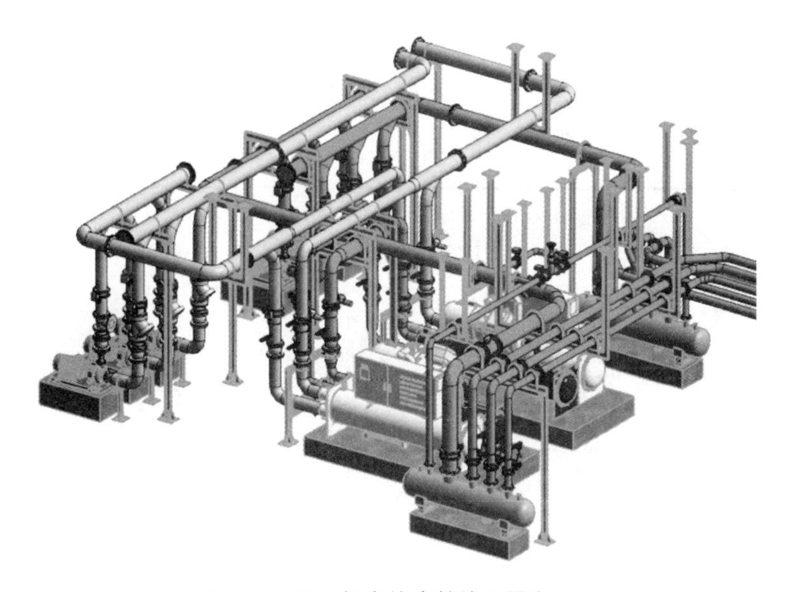

图 2–1–20　机房综合管线三维布局

五、应用总结

BIM 技术在地铁设计中具有以下优势：提高设计质量，减少设计变更；优化设计方案，缩减车站规模；精准统计工程量，便于核算造价；三维管线综合，管线排布最优化；三维设计交底，减少后期现场服务；三维校核，确保施工准确性；优化施工组织，避免返工；预制化生产，模块化安装；提高施工效率，缩短工期；对设施、设备编码，方便资产管理；形成运维需要的全信息三维模型。

第二节　BIM技术在胶东镇站项目中的应用

一、项目概况

胶东镇站为青岛地铁 8 号线全线唯一高架站，景观效果要求较高，紧邻在建济青高铁，建设条件复杂，受济青高铁工期影响，8 号线涉铁段建设工期紧张。胶东镇站为路侧地面两层侧式车站，地上一层为站厅层，车站采用中间进站的形式，两端为设备及管理用房。地上二层为站台层，站台宽 2 × 7.8 m，长 118 m。车站总长 121 m，总宽 24 m，总建筑面积为 6 204 m^2。其标段范围内包含隧道、高架、U 形槽、路基等多种结构形式，其中隧道分为明挖结构及暗挖结构，高架段包含多种跨径的简支 U 梁、变截面连续箱梁以及等截面连续箱梁。

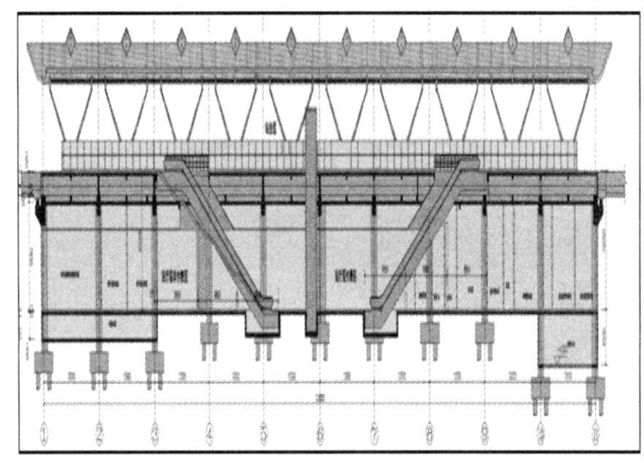

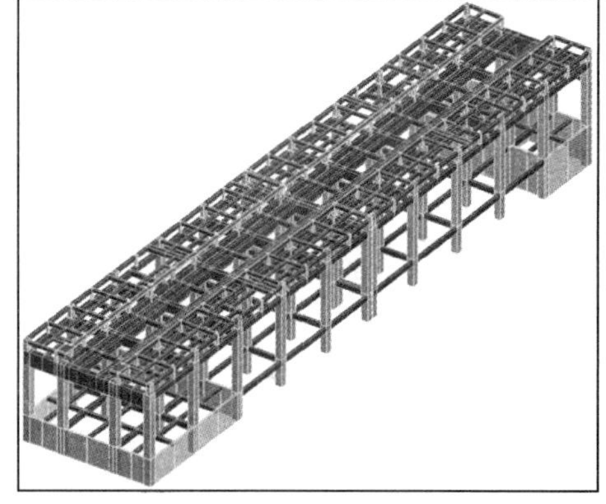

图 2-2-1　胶东镇站剖面、计算模型

二、BIM技术应用过程

1. 应用过程——车站土建模型

高精度创建胶东镇站建筑、结构及预留孔洞模型，为后期管综模型及交付运维打下基础。

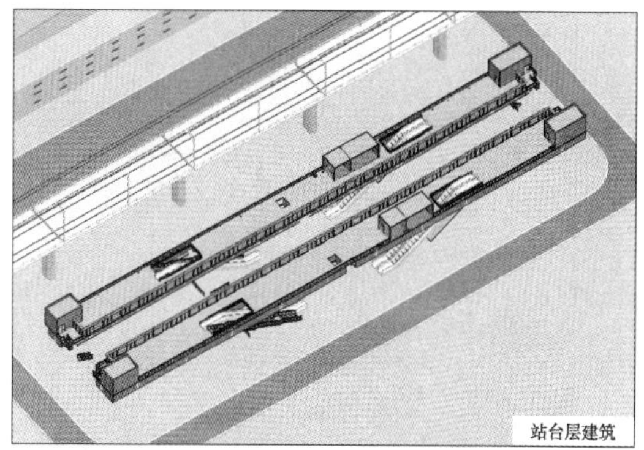

图 2-2-2 胶东镇站整体模型、台层建筑模型

2. 应用过程——车站钢屋盖模型

创建胶东镇站异形钢屋盖模型，模型共包含 34 万个面、97 万个节点，并包含钢结构预埋件细部结构，解决了预埋件与结构柱钢筋碰撞问题。

图 2-2-3 胶东镇站钢屋盖模型

3. 应用过程——车站幕墙模型

创建胶东镇站幕墙方案，展示方案并进行方案比选。

图 2-2-4 胶东镇站幕墙模型

4. 应用过程——车站场地模型

创建胶东镇站场地模型，模型包含车站周边道路、厂房、停车场、济青高铁等，直观展示车站方案。

图 2-2-5 胶东镇站场地模型

5. 应用过程——钢筋碰撞检测

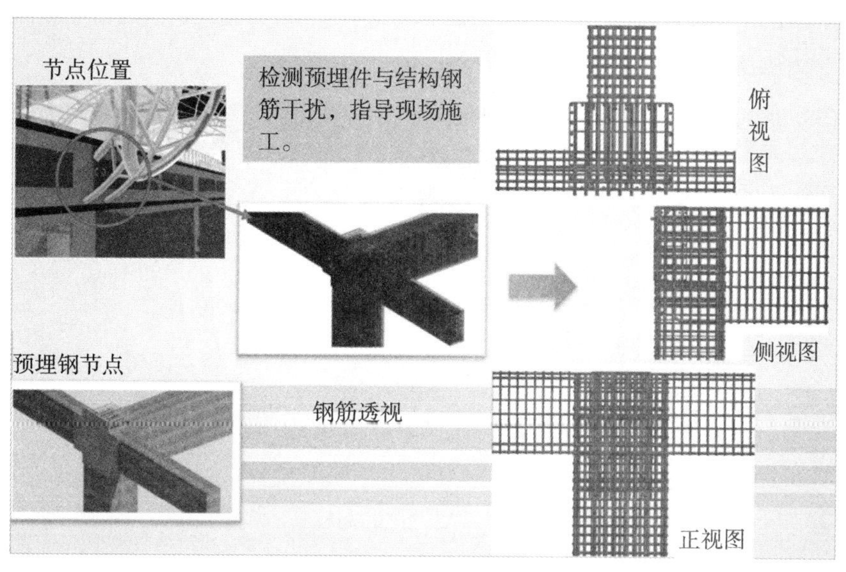

图 2-2-6　钢筋碰撞检测

6. 应用过程——计算分析一体化

将结构 BIM 模型导入计算软件中进行结构计算，提高模型利用率。

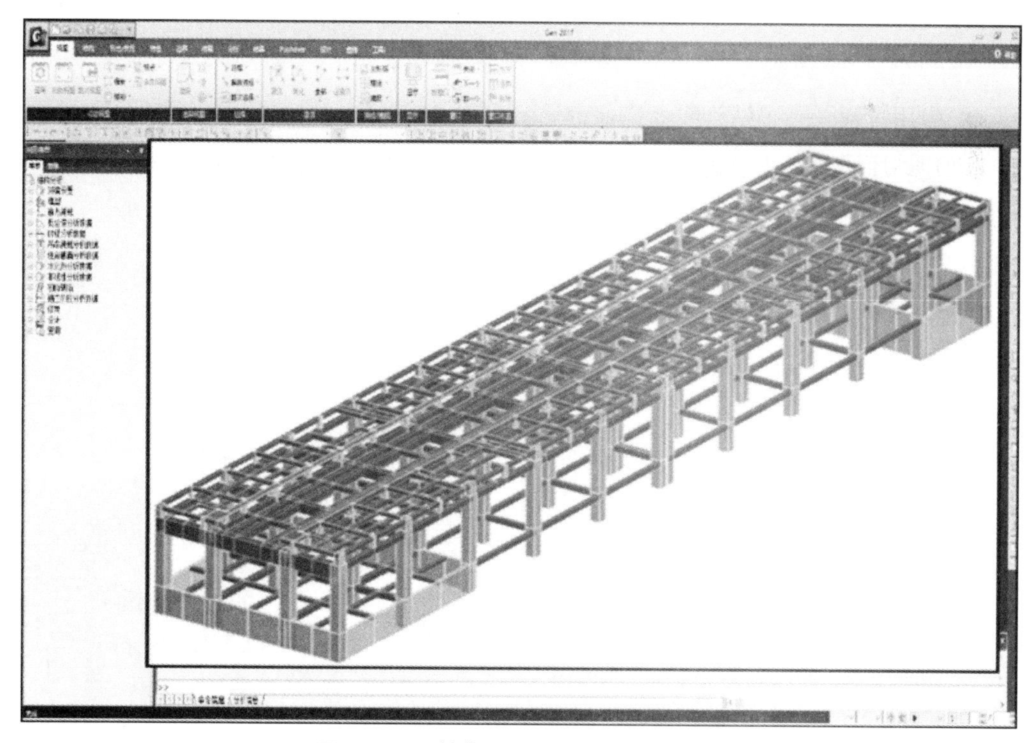

图 2-2-7　结构 BIM 模型导入计算软件

7. 应用过程——工程量统计

胶东镇站结构整合模型包含结构板构件 606 个、结构梁构件 482 个、结构柱构件 153 个、基础构件 188 个，合计 1 429 个构件。

<table>
<tr><th>类型</th><th>名称</th><th>构件数量（个）</th><th>合计（个）</th><th>总计（个）</th></tr>
<tr><td rowspan="6">板</td><td>地下设备层板</td><td>22</td><td rowspan="6">606</td><td rowspan="13">1 429</td></tr>
<tr><td>电缆夹层板</td><td>121</td></tr>
<tr><td>轨道层板</td><td>104</td></tr>
<tr><td>站台板下层板</td><td>121</td></tr>
<tr><td>站台层板</td><td>116</td></tr>
<tr><td>站厅层板</td><td>122</td></tr>
<tr><td rowspan="3">梁</td><td>地下设备层梁</td><td>264</td><td rowspan="3">482</td></tr>
<tr><td>站台板下层梁</td><td>128</td></tr>
<tr><td>站厅层梁</td><td>90</td></tr>
<tr><td rowspan="2">柱</td><td>站台板下层柱</td><td>104</td><td rowspan="2">153</td></tr>
<tr><td>站厅层柱</td><td>49</td></tr>
<tr><td rowspan="2">基础</td><td>承台</td><td>44</td><td rowspan="2">188</td></tr>
<tr><td>桩基</td><td>144</td></tr>
</table>

图 2-2-8　工程量统计

8. 应用过程——车站管线综合

创建站厅层各专业管线并进行管线碰撞检查及调整，管线包含通风、空调、动照、通信、信号、民用通信、综合监控、FAS、BAS、AFC、给排水及消防等专业。

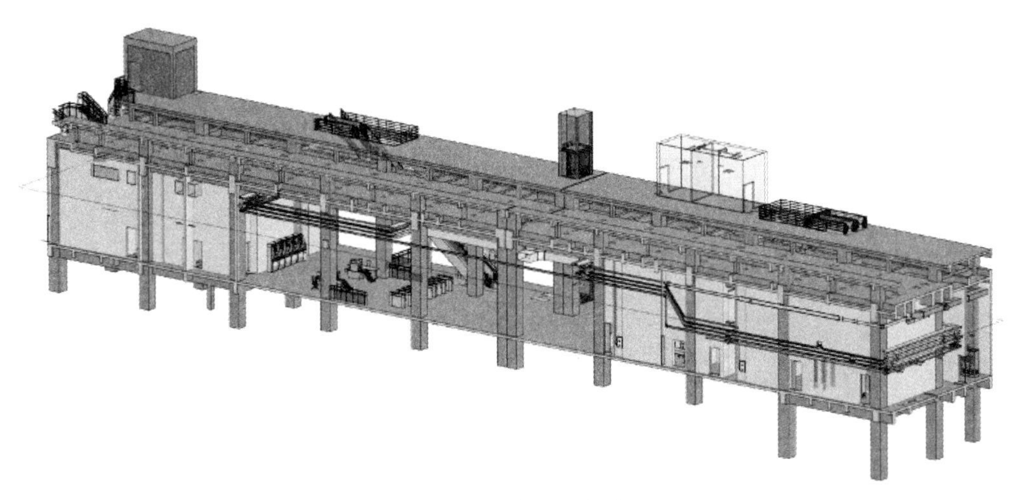

图 2-2-9　各专业管线模型

图 2-2-10　车站管线综合漫游

9. 应用过程——区间模型

标段范围内包含隧道、高架、U 形槽、路基等多种结构形式，其中隧道分为明挖结构及暗挖结构，高架段包含多种跨径的简支 U 梁、变截面连续箱梁以及等截面连续箱梁。创建区间模型及三维场地模型并与卫星地图相结合，整体展示区间桥墩布跨。

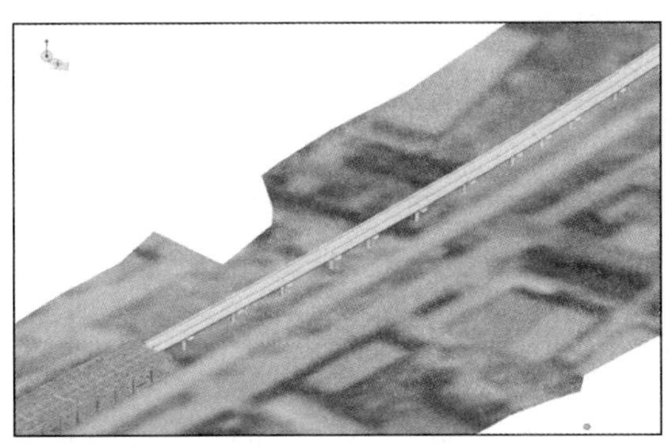

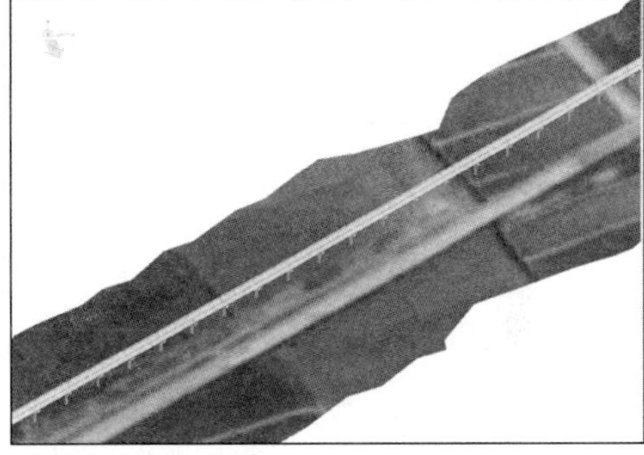

图 2-2-11　三维场地模型与卫星地图

10. 应用过程——U 梁方案比选

方案一：梁型采用 32.7 m 简支 U 梁，梁长 32.6 m，计算跨径与 30 m U 梁一致，为 28.7 m，盖梁采用宝石型盖梁，宽度约 4.5 m。

方案二：计算跨径为 32.7 m。针对国内第一次大范围采用的 32.7 m 跨径 U 梁，设计单位创建了 LOD300 级模型用于指导施工，模型包含 U 梁构造、桥面系、钢筋、轨道、预埋件等。

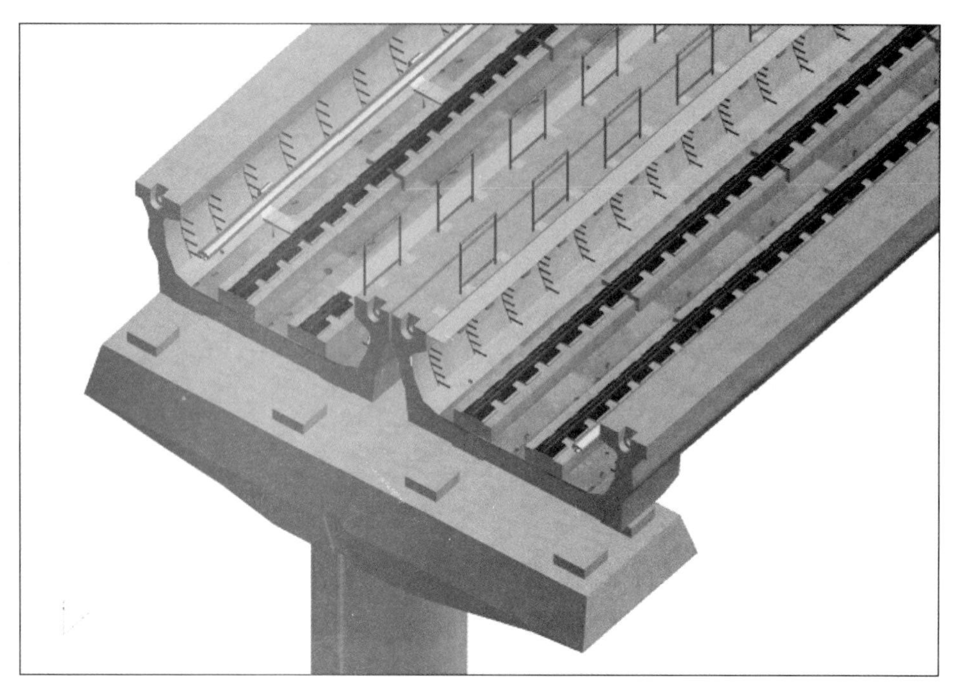

图 2-2-12　U 梁精细化建模

11. 应用过程——高架区间连续梁

创建胶大区间主跨 128 m 挂篮施工连续梁 0# 块模型，用于指导现场模板拼装。

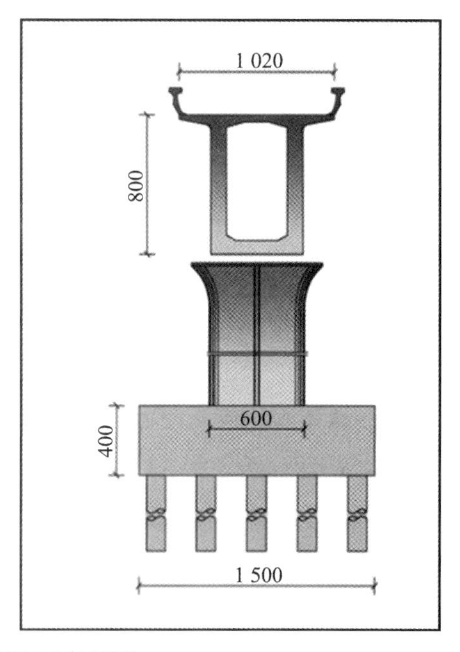

图 2-2-13　连续梁 0# 块模型

12. 应用过程——路基及 U 形槽

创建胶胶区间明挖段基坑及围护结构模型，与监测点布置相结合，用于施工监测。

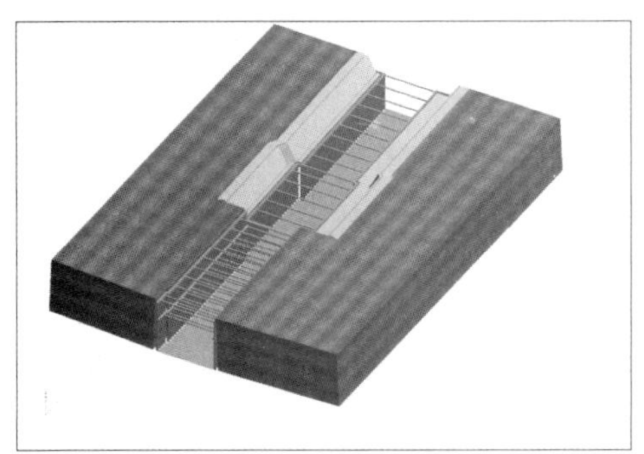
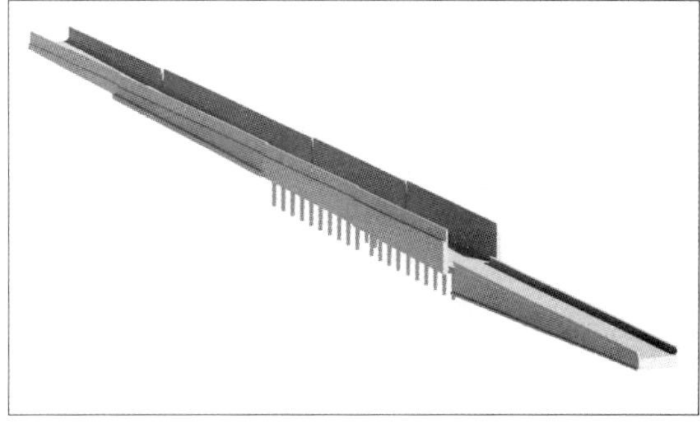

图 2-2-14　明挖基坑模型、路基及 U 形槽模型

创建 U 梁预制场模型，用于厂区内管线布置、模拟施工工艺流程、优化厂区布置。

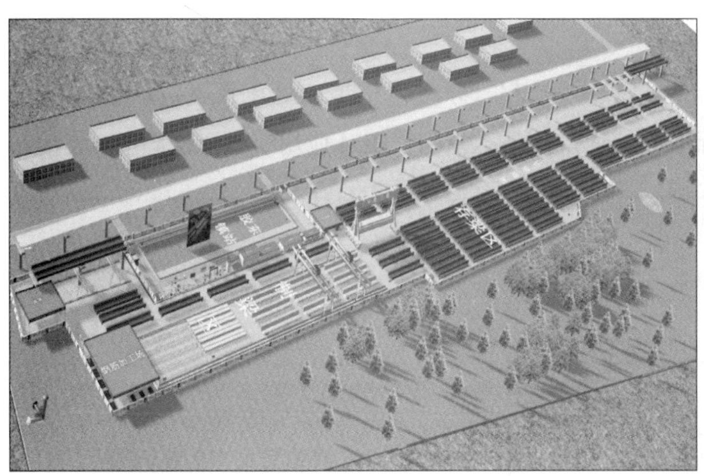

图 2-2-15　U 梁预制场、蒸汽布线模型

13. 应用过程——矿山法隧道

创建带有桩号信息的三维中心线模型，创建参数化横断面，根据断面分界里程桩号生成地下区间模型。创建胶大区间风井土建及管综模型，解决管线碰撞，用于指导土建施工、孔洞预留、管线安装等。

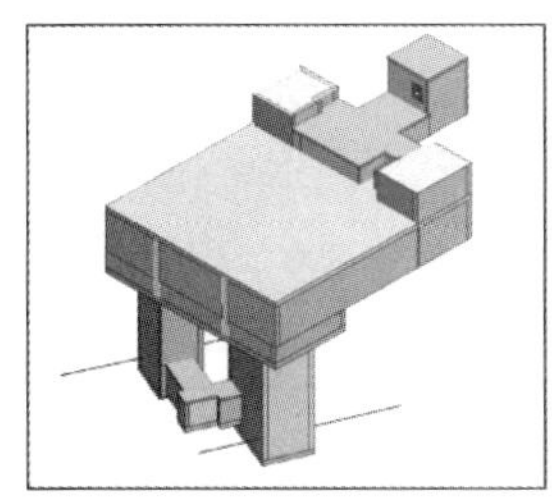
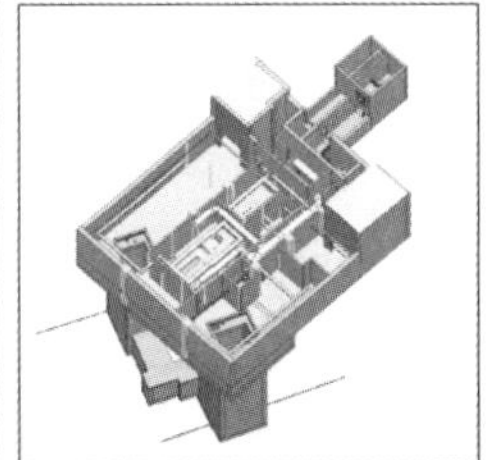
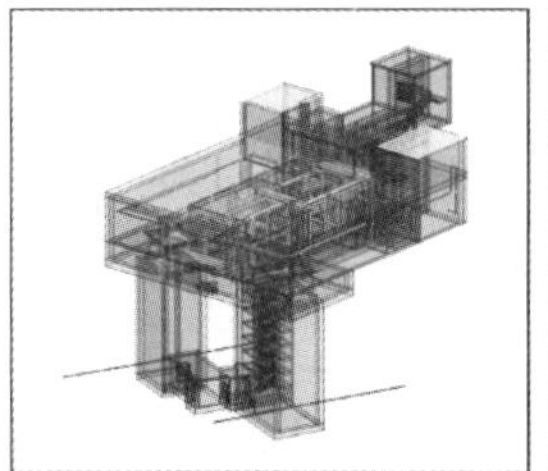
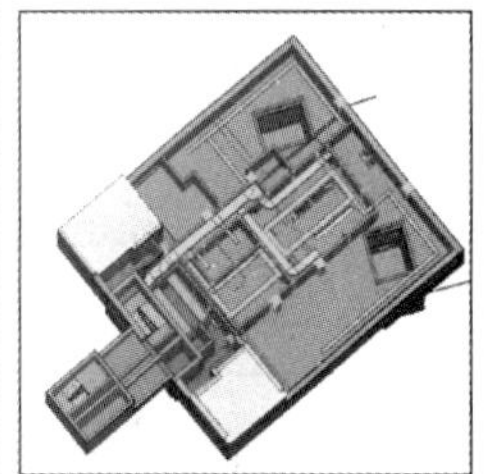

图 2-2-16　胶大区间风井土建及管综模型

14. 应用过程——临建平面布置

图 2-2-17　创建胶大区间竖井、安全体验区平面布置模型

15. 应用过程——BIM 标准

依据集团相关的建模标准、指南、流程、办法，开展 BIM 工作。包括 BIM 应用建模标准、BIM 应用管理标准、BIM 应用技术指南、BIM 应用实施流程。

青岛地铁集团有限公司企业标准　Q/QDT

Q/ XXXX- XXXX

安装工程信息模型创建标准

Standard of establishment for building service works information model

XXX-XX-XX发布　　　　XXXX-XX-XX　实施

青岛地铁集团有限公司　　发布

青岛地铁集团有限公司企业标准　Q/QDT

Q/ XXXX- XXXX

建筑工程信息模型创建标准

Standard of establishment for building service works information model

XXX-XX-XX发布　　　　XXXX-XX-XX　实施

青岛地铁集团有限公司　　发布

图 2-2-18　安装工程信息模型创建标准和建筑工程信息模型创建标准

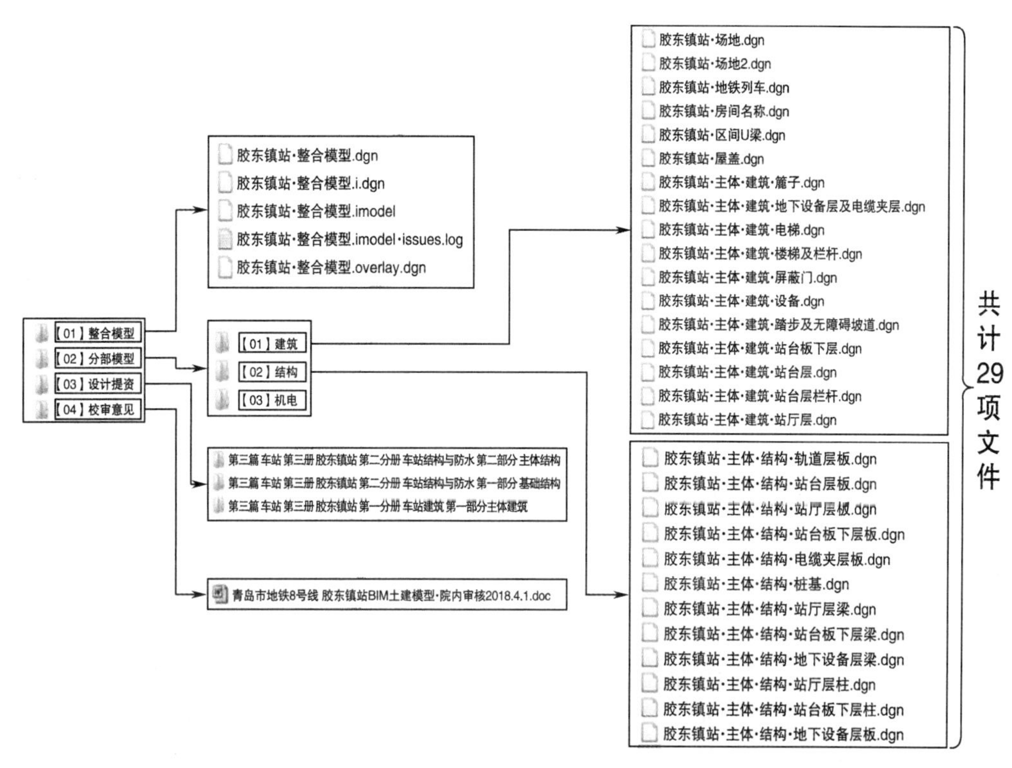

图 2-2-19　BIM 标准

三、BIM应用总结

BIM 技术初步实现了轨道交通领域长距离、大范围、大体量工程的 BIM 应用；创建了国内首创的 32.7 m U 形梁 LOD300 级模型，用于指导施工；创建了全线唯一高架车站环境、土建、管综模型，用于展示设计方案并指导施工；创建了临建模型，指导临建施工。

（1）BIM 在地铁设计中的优势。提高设计质量，减少设计变更；优化设计方案，缩减车站规模；精准统计工程量，便于核算造价；三维管线综合，管线排布最优化；三维设计交底，减少后期现场服务；三维校核，确保施工准确性；优化施工组织，避免返工；预制化生产，模块化安装；提高施工效率，缩短工期；设施、设备编码，方便资产管理；形成运维需要的全信息三维模型。

（2）BIM 设计注意事项。各专业准确、及时地提资；明确建模深度及内容，以终为始的项目策划；按照建模深度要求建模，并提高模型准确性；模型数据信息传递；针对需求的功能进行开发及应用；经验交流与全员参与。

（3）BIM 设计目前存在的问题。数据量大，模型卡顿；构件数量不足；软件兼容问题；BIM 模型与结构计算软件结合的问题；三维协同设计问题；统一标准问题。

第三章

‹‹‹ BIM 技术在城市立交设计中的应用

随着我国城市的不断发展，交通拥堵日益严重，为缓解该现象，各地争相对城市道路进行快速化改造，以进一步提升城市道路通行能力。现阶段，在道路改造过程尤其是立交节点的建设当中，普遍存在场地受限、现状管线复杂、施工期间交通压力大、工期紧等相关难题，传统的设计—施工模式在此极易造成大量设计变更、工程变更等设计、施工及运输、维护等建筑全生命周期各方面的问题，由此进一步制约了设计质量与协同效率的提高，降低了施工组织管理能力以及费用控制能力。因此，亟待相应的先进技术介入以协调解决建筑全生命周期所面临的问题。

BIM 技术正是应此而生，以建筑工程项目的各项相关信息数据作为模型基础，通过各相关方以及各专业的信息协同，以数字信息仿真模拟建筑物全生命周期各阶段的存在形态，从而指导建筑工程的设计、施工以及运维。

第一节　BIM技术在江山路与前湾港路立交桥工程中的应用

一、项目概况

江山路与前湾港路立交位于青岛经济技术开发区北部区域，节点是港区南向疏港交通与区域南北衔接交通交汇节点，亦是经济技术开发区南北区域与西部居住区衔接重要转换节点，工程所在地现状管线密集，专业管线错综交叉。

图 3-1-1　江山路与前湾港路立交总体方案效果图

该项目为山东省首批市政类 BIM 技术应用试点示范项目，也是 BIM 技术在青岛市大规模城市立交中的首次全面应用。2019 年 12 月，该项目顺利通过山东省住房和城乡建设厅 BIM 技术应用试点示范项目验收。

江山路（南北向）主线布设为双向六车道，主线两侧设置集散车道，以高架桥形式上跨前湾港路（东西向）。前湾港路采用地面道路形式，主线布设双向四车道，服务东西向货运交通，主线两侧设置集散车道。立交节点所有匝道均服务客运转向交通，其中右转交通均通过定向匝道转换，左转交通均采用环形匝道形式，匝道均布设为单向单车道。

该项目综合管廊内敷设管线主要包括电力、通信、给水及热力四种专业管线。江山路综合管廊，主线管廊长度约 652 m，主线管廊采用三舱及两舱断面形式。前湾港路综合管廊主线管廊长度约 756 m，主线管廊采用三舱及两舱断面形式。

二、软件解决方案

1. 道路专业

道路专业主要应用软件为鸿业路易系列软件。其旨在为设计人员提供完整的智能化、自动化、三维化解决方案。基于 BIM 理念，以 BIM 信息为核心，实现所见即所得、模拟、优化以及不同专业间的协调功能；拥有完整属性的整体对象，提供精确的工程算量数据。鸿业交通设施 HY-TFD，紧密结合国标，提供参数化绘图方式，内置大量标志图库，快速设计交通标线，自动统计各类交通标志牌、标线的工程量。

2. 桥梁专业

桥梁专业主要应用软件为 Revit2015、桥梁博士。使用 Revit 软件对立交结构进行设计，实现三维可视化。将 Revit 模型导入 Midas 软件对桥梁结构进行整体计算，在软件中对桥梁预应力钢束进行设计、调束，并直接通过软件生成预应力钢束图纸，提高图纸的绘图效率。

3. 管线专业

管线专业主要应用软件为鸿业管立得 10.5。鸿业三维智能管线设计系统包括综合管廊、给排水、燃气、热力、电力、电信、管线综合设计模块；地形图识别、管线平面智能设计、竖向可视化设计；平面、纵断、标注、表格联动更新。管线三维成果可进行三维合成和碰撞检查，实现三维漫游。

4. 管廊专业

管廊专业主要应用软件为鸿业综合管廊 2015。其特点为可视化，复杂问题简单化，隐蔽问题表面化；参数化，设计人员沉浸设计思维，关注模型整体性；关联性，操作高效，对后期改图、出图提高效率明显；准确性， 模型对应图纸，有效规避人为疏漏；平、立、剖双向关联，构件仅需绘制一次，避免重复作业，避免低级错误；碰撞检查，暴露缺陷，避免疏漏；缺陷发现在图纸中而不是项目建设中；后期修改，体现信息化模型效率的优势。设计人员更多的关注设计本身，图纸作为末端产品自动随设计而改变。

三、实施规划

（1）第一阶段：BIM 实施计划调研阶段。阶段目标：明确 BIM 实施目标，通过调研了解和掌握本工程部 BIM 团队实施基础，了解后续与 BIM 相关的管理流程和体系、成果提交、BIM 实施调研报告、详细实施报告。

（2）第二阶段：BIM 模型创建阶段。阶段目标：创建 BIM 模型，进行施工图设计。BIM 各专业建立 BIM 模型，进行 BIM 建模培训、BIM 模型准确性核对，对各专业 BIM 模型进行碰撞检查，BIM 模型在系统上分权限数据共享、成果提交，进行 BIM 建模成果报告、BIM 碰撞报告。

（3）第三阶段：BIM 成果交付阶段。BIM 模型交付给施工单位，进行设计交底；施工单位根据 BIM 模型精准放样，指导施工。

（4）第四阶段：BIM 模型维护阶段。阶段目标：根据设计变更动态调整 BIM 模型，同时探索 BIM 模型在施工指导、材料管理、成本管理、碰撞检查等方面的应用，BIM 技术岗位应用以及形成配套的 BIM 应用流程，进行 BIM 团队培养，BIM 小组人员在 BIM 平台上协同共享、数据查询、成果提交，制定 BIM 应用配套流程、管理制度。

四、实施技术路线

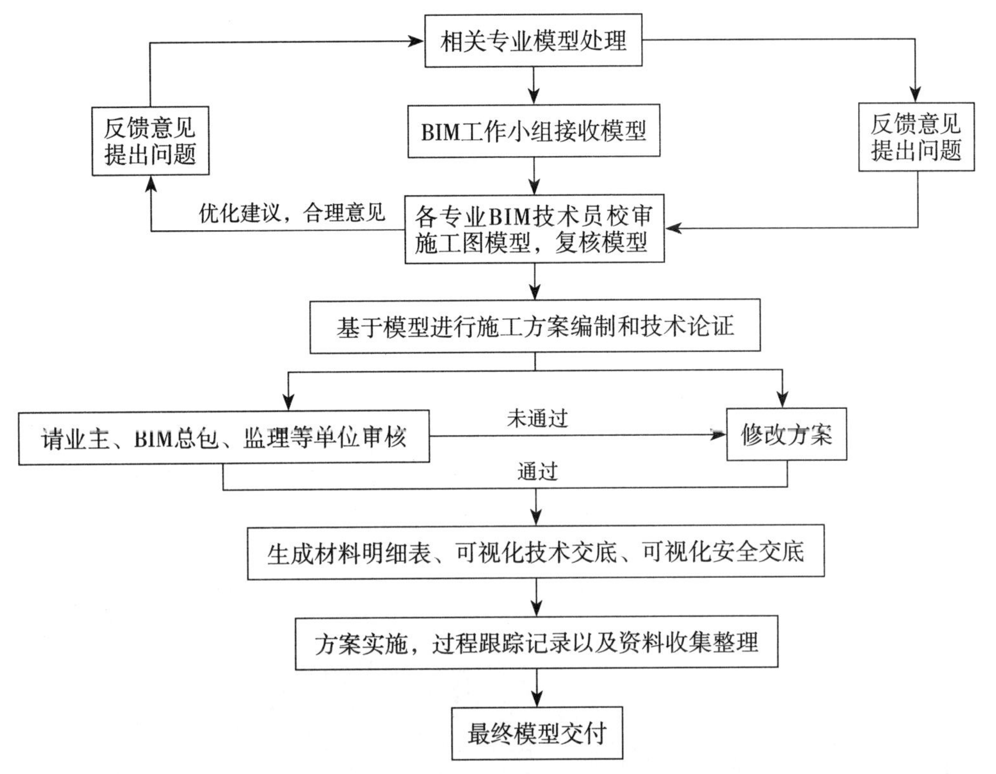

图 3-1-2　BIM 设计阶段应用技术路线

五、应用目标

（1）道路专业在快速建立三维模型的基础上，实现总体方案的展示、工程量提量、平纵横大样施工图出图，实现传统的二维向三维设计、粗放型设计向精细化设计的转变，并通过设计成果的实时优化与评价，提升工程设计的效率、科学性及合理性。

（2）桥梁专业通过 BIM 建模实现三维可视化、结构优化、施工交底。钢结构天桥等结构实现碰撞检查、工程量统计、剖切断面出图。人行通道建模实现完整的材质赋予和工程量的统计，并体现与周边结构的协同关系。管廊结构计算建模与工艺专业模型互相指导，实现与上游专业关联互动。

（3）利用鸿业管立得 11.0 对现状管线进行描绘，在管线迁改设计工作中完成可视化设计，减少管迁工程量，降低施工难度。将综合管廊与雨污水及其他管线相结合，控制雨污水等重力流管线竖向因素，减小综合管廊埋深，降低工程造价。将管立得文件与路立得文件相结合，形成视频文件，实现所见即所得。

（4）综合管廊工艺专业通过 Revit 建模实现三维可视化设计，实现出线井等复杂节点的设计；实现专业之间碰撞检查、设计标准碰撞检查、附属设施碰撞检查；实现节点工程量统计、三维模型转化为二维图纸，图纸作为末端产品自动随设计而改变。

六、具体应用

1. 总体方案比选

快速生成 BIM 模型，对竖向进行多方案比选（推荐采用方案）。比选方案：前湾港路主线与现状道路一致，两侧辅路抬升。该方案优点：实现了地面辅路和主线的完全分离，景观效果好；缺点：前湾港路辅路抬升，工程量增大，同时江山路方向竖向需要进一步抬升，增加了工程投资。推荐方案：前湾港路主线和地面辅路均和现状道路标高一致。该方案优点：江山路方向桥梁竖向标高交底、总体方案工程投资低；缺点：前湾港路的主路和辅路需要通过隔离墩方可实现主辅分离。

2. 模型构建

图 3-1-3　快速建模实现对推荐方案的技术支持

鸿业路立得 Roadleader 及鸿业交通设施 HY-TFD：① 旨在为设计人员提供完整的智能化、自动化、三维化解决方案。② 基于 BIM 理念，以 BIM 信息为核心，实现所见即所得，模拟优化以及不同专业间的协调功能。③ 拥有完整属性的整体对象，提供精确的工程算量数据。

桥梁专业在本工程的 BIM 应用中，使用 Revit 软件对主线桥、匝道桥、人行钢结构天桥、人行通道、混凝土悬臂挡墙等进行 BIM 模型建立并汇总，实现桥梁结构工程的三维可视化。

利用管立得对勘测单位提供的物探资料现状管线的识别，可迅速完成现状勘测管线的三维转换，为下一步的管线碰撞检查提供前提。

为集约利用综合管廊功能，将人员出入口与端墙合并设置，在复杂节点将通风井等附属设施一并实施，采用 BIM 对各节点进行设计，同时对内部管线、楼梯等进行可视化优化布置。

3. 深化设计

图 3-1-4　基于路立得的三维模型

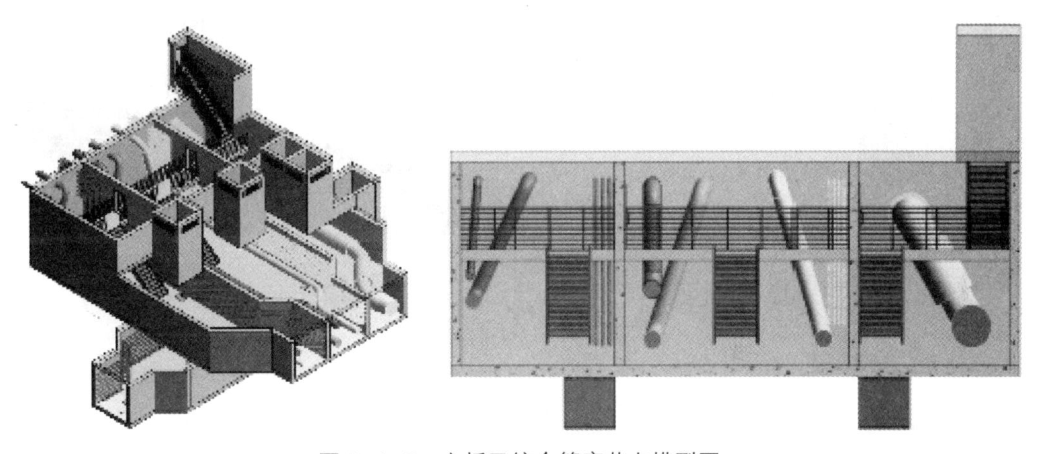

图 3-1-5　主桥及综合管廊节点模型图

利用鸿业路立得对重要节点进行了交通模拟，直观展示了立交方案实施后交通组织情况，为相关决策提供了重要依据，极大地方便了与规划、交警、建设等部门的对接。

管线专业在路立得模型的基础上搭建管线数据模型，工程建设涉及大量管线迁改和新设，不但用地空间受限，还需穿越新建及既有管线，且与相接道路存在多处横向管线交叉。利用 BIM 技术进行三维管线综合设计和碰撞检查，并搭载综合管廊 Revit 模型，实现管位合理布置和空间利用最大化。

道路路基、路面参数化模型深化设计。基于道路 BIM 模型，对道路工程上下层路面结构厚度、道路分层施工宽度进行详细模块定义，可利用 BIM 模型导出相关工程量；根据地勘成果，对路基工程路基处理模型进行参数化定义，实现路基处理范围和工程量的准确定义。模型等级满足国家标准规定的 LOD3 等级。

交通工程动态设计与总体复核。利用路易协同设计软件，通过 BIM 动态模拟各个位置转向，实时查看标志标线、设施设置的合理性，数字化动态完善交通工程细节设计，优化交通设计方案，实现交通设施设计的科学性及合理性。实施动态调整沿线人行系统，做到立交人行系统与周边设施的协调，确保人行系统的连续性，实现“以人为本”的设计理念。细化附属设施交通杆件、路缘石、界石、人行道等。根据前期建模，查看道路交通各项 BIM 组件参数，细化、深化 BIM 模型构件，为下一步施工图出图奠定基础；根据杆件形式的调整完成交通结构计算绘图及工程量快速统计。根据所有交通杆件建模，完成交通工程杆件结构计算书和施工图出图。施工图设计阶段对于涉及的隔离墩、路缘石、界石、人行道等附属设施，详细定义其尺寸结构。

桥梁专业在本工程的 BIM 应用中，使用 Revit 软件对主线桥、匝道桥、人行钢结构天桥、人行通道、混凝土悬臂挡墙等进行 BIM 模型建立并汇总，实现桥梁结构工程的三维可视化。使用 Midas 软件对桥梁结构进行纵向计算，在软件中对桥梁预应力钢束进行设计、调束，并直接通过软件生成预应力钢束图纸，提高绘图效率。

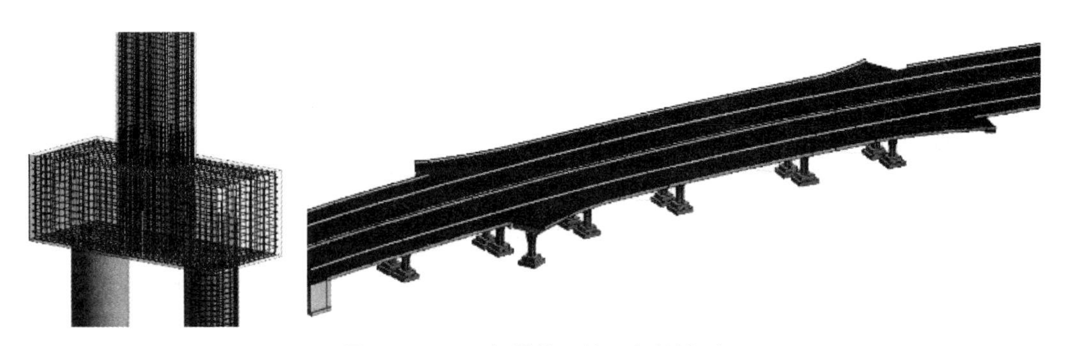

图 3-1-6　下部结构配筋及主桥模型

数据信息互通，结构计算模型与工艺专业模型互导。在综合管廊的设计中，工艺专业已使用 Revit 软件直接进行 BIM 设计。尤其对于出线井节点，大幅提高了工作效率，保证了设计质量。结构专业的传统设计根据工艺提供图纸进行识图，再在结构分析软件中进行建模计算。传统建模过程相对复杂，效率较低。管廊设计结构专业应用 Midas Gen 软件 2017 版，通过 Midas Link for Revit Structure 插件，将 Revit 模型直接导入 Midas Gen 中，省去模型建立过程，提高了建模效率。并且可以在 Gen 中修改结构尺寸等反馈回 Revit 软件，与上游专业关联互动。出线井设计，其难点在于主沟与支沟上下层的交互设计，以及管线的竖向衔接。在传统二维设计中，设计人员对出线井每条线、每个孔洞均需细化设计，工作量较大，且如需修改一处，多会引起平立剖均需修改。利用 Revit 三维可视化设计，使得在传统二维设计中的复杂节点设计变得简单易行。三维可视化设计，可以实现在多个视口、任意位置进行修改，使设计更加直观、准确、高效。

人行钢结构天桥，碰撞检查、信息赋予及工程算量。钢结构天桥构件繁多、复杂，在 BIM 设计中使用 Revit 软件进行构件碰撞检查。通过 Revit 的“明细表”功能，进行工程量计算统计，统计出单个构件的体积、表面积、材质等数据信息。通过提取的构件工程量与传统 CAD 二维绘图手算工程量进行复核，为下游专业提供数据参考。构件的体积可计算构件的质量（kg）或混凝土方量。构件的面积可计算钢结构的涂装面积。

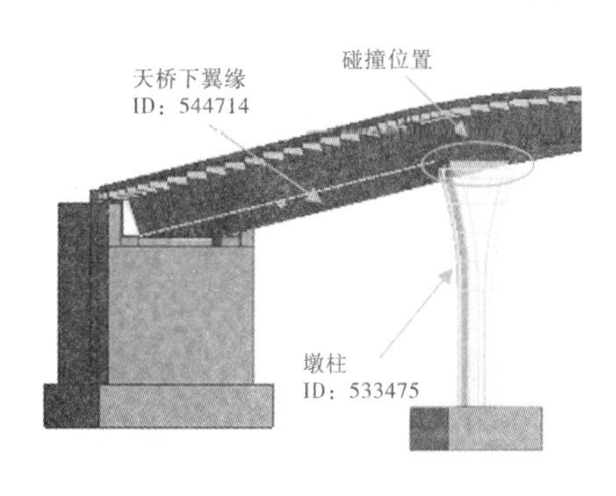

图 3-1-7　天桥结构碰撞与预应力钢筋束碰撞图

道路竖向净空优化设计，对于优化后的模型，数据文件同步提交给其他专业进一步优化设计。前湾港路方向主线在满足净空、净距的要求下，最大限度压缩上下层净距，优化江山路桥梁竖向标高。通过建立的 BIM 模型，对跨线桥进行视距、净空检测，生成检测报告，同步调整 BIM 模型及立交总体设计方案，确保了设计成果及 BIM 模型成果涉及的地面和江山路跨线桥及附属设施净空、净距满足设计规范要求。江山路立交桥下净空需满足最低 5 m 要求，最高净空需根据桥梁纵坡、桥下车辆行驶舒适度进行动态调整。

图 3-1-8　建筑界限分析与桥梁、桥底动态调整

三维漫游展示与施工交底。将 BIM 模型交付施工单位，同时进行施工交底。由施工单位进行施工模型的构建，合理组织施工计划。传统的施工项目计划多采用偏差控制，组织上采用“推式”工作流，不利于施工管理的及时应变和偏差的主动性预防控制，将 BIM 技术与施工模型构建进行集成，构建施工管理模型，分析模型集成的关键技术，将计划与控制、技术与管理双维度进行集成，实现建筑施工实时可视化的高效管理。

施工深化设计。由于施工工期较长，构件制作安装贯穿整个施工过程，深化设计涵盖专业、内容较广泛，设备选型、调流组织、运输线路、吊装方案等直接影响深化设计工作，可以通过 BIM 模型进行施工组织模拟，及时调整实施方案。

施工方案模拟。利用 BIM 场地布置软件提前规划项目驻地及施工现场，能做到直观、明确，易于考察成品效果、查漏补缺、汇报及交底，并且能够直接指导现场临建设施施工工作，提高工作效率。

预制构件加工。通过 BIM 技术，将预制构件可视化、参数化，实现预制构件与主体构件现场无缝拼接。桥梁墩柱采用异形钢模板，模板厂家利用 BIM 模型精准制作混凝土模板，实现混凝土现场浇筑符合设计要求；利用 BIM 模型精准预制支沟单仓综合管廊。

进度模拟及优化。基于 BIM 模型，在 BIM5D 平台中将工序计划进度与模型挂接，进行进度模拟及优化，可缩短工期 20 余天。

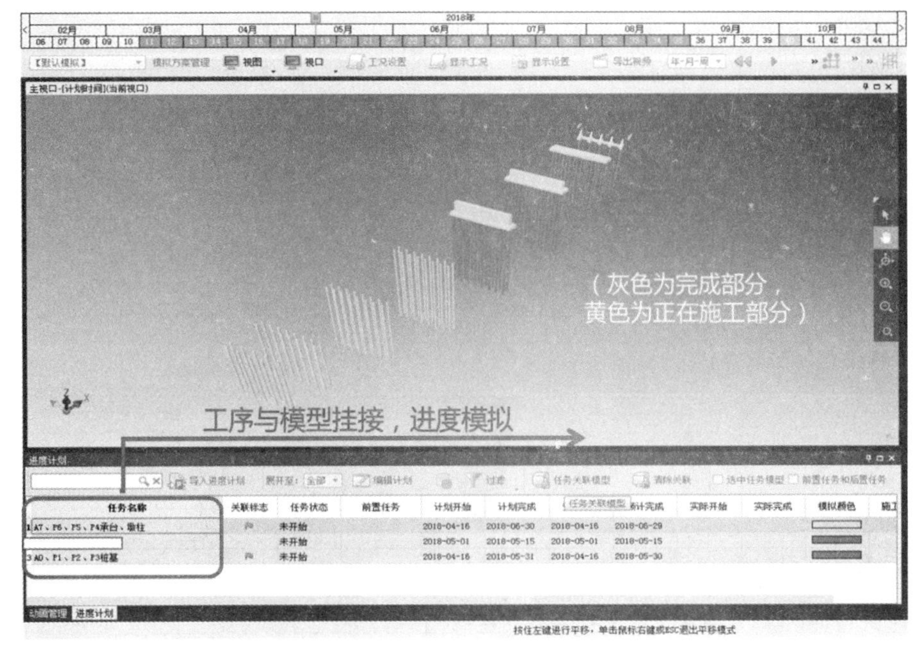

图 3-1-9　进度模拟及优化

七、实施效益

（1）管理效益。利用集成管理平台方便各专业之间交流沟通，提升工作效率。项目交流会议中，各专业设计人远程查看平台模型，及时发现设计问题，提高专业协同水平。在项目中可以运用 BIM 技术建立 3D 可视化信息模型，将各阶段与各环节数据导入模型之中，进行整合与分析，提供项目参与各方数据支持；关联相关数据对工程的进度、成本进行把控，对工程中的难点和重点做提前预演，指导后期施工。

（2）质量效益。利用三维设计软件建模，在初步设计过程中，规避大量非技术失误，在施工图设计过程中，通过三维碰撞检查，及时发现各专业间的设计纰漏等问题。施工图阶段发现各专业设计问题 65 处；施工阶段发现综合管廊施工受限位置六处；目前暂无施工质量问题。

（3）速度效益。较常规二维设计相比，本工程运用 BIM 技术将设计、绘图时间缩短近 30%，极大地提高了设计效率。同时，BIM 成果也为工程审图、招投标、施工提供全面资料，降低了沟通信息不对等问题。

（4）经济效益。通过导入 BIM 技术实现精细化管理，项目在经济效益上得到了大幅改善与提升。在传统项目管理模式中，数据分析需要花费很长时间，而且周期性与维度方面难以满足现在项目需求。运用 BIM 技术建立数据库关联项目相关数据，可以实现各管理部门对各项目基础数据的协同和共享，加强业主对项目的掌控能力，为后期设计提供准确基础数据，提升 BIM 价值。除此之外，通过 BIM 数据库，可以建立与项目成本相关的数据节点，例如时间、空间、工序、工法、物料应用状况等，使得数据信息可以细化大建筑构件一级，使实际成本数据进行高效处理分析有了可操作性，提升精细化管理能力，从而有效控制成本，提高经济效益。

第二节　BIM技术在环湾路—长沙路立交中的正向应用

一、项目概况

环湾路是青岛市规划中心城区“六横九纵”路网的一“纵”，长沙路规划为东岸城区东部东西向贯通的主干路，环湾路—长沙路节点是欢乐滨海城、滨海新区北片区出行的主要交通节点。环湾路—长沙路立交，属于快速路与主干路相交的节点立交，立交形式为双环部分苜蓿叶立交，占地面积约为 $16\times10^4\ \mathrm{m}^2$。

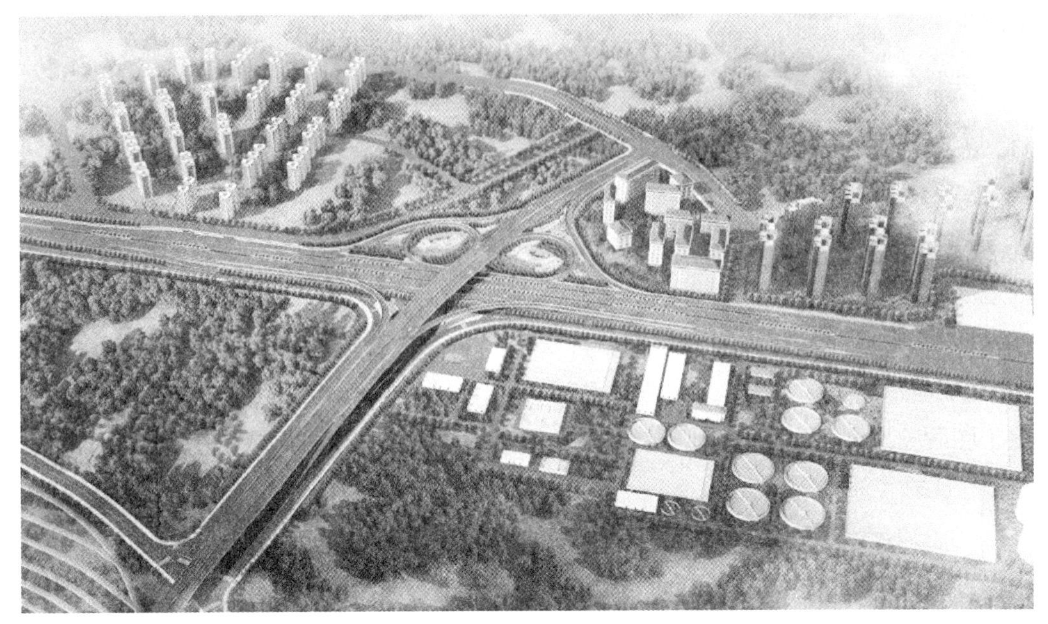

图 3-2-1　环湾路与长沙路立交总体方案效果图

（1）解决欢乐滨海城出行难题。控规四万人，目前入住三万人，设瑞昌路、长沙路两处出入口，目前仅瑞昌路立交进出，且横 A2 号路未打通，仅两车道临时路通行，交通保障性差、高峰拥堵严重，北向出行绕行距离约 4.5 km。

（2）服务滨海新区北片区出行。滨海新区北片区规划人口 16 万，目前只有瑞昌路一处西向出行通道，远期出行总量约 10×10^4 pcu/d，高峰交通量将超过 1×10^4 pcu/h。该项目是解决欢乐滨海城出行难题的突破点，被列为青岛市“交通攻势”重点项目。

二、软件解决方案

（1）道路专业。主要应用软件为鸿业路易系列软件，旨在为设计人员提供完整的智能化、自动化、三维化解决方案。基于 BIM 理念，以 BIM 信息为核心，实现所见即所得、模拟、优化以及不同专业间的协调功能；拥有完整属性的整体对象，提供精确的工程算量数据。交通 Vissim，紧密结合国标，提供参数化绘图方式，内置大量标志图库，快速设计交通标线，自动统计各类交通标志牌、标线的工程量。

（2）桥梁专业。桥梁专业主要应用软件为 Revit2015、桥梁博士。使用 Revit 软件对立交结构进行设计，实现三维可视化。将 Revit 模型导入 Midas 软件对桥梁结构进行整体计算，在软件中对桥梁预应力钢束进行设计、调束，并直接通过软件生成预应力钢束图纸，提高图纸的绘图效率。

（3）管线专业。管线专业主要应用软件为鸿业管立得 10.5。鸿业三维智能管线设计系统包括综合管廊、给排水、燃气、热力、电力、电信、管线综合设计模块；地形图识别、管线平面智能设计、竖向可视化设计；平面、纵断、标注、表格联动更新。管线三维成果可进行三维合成和碰撞检查，实现三维漫游。

三、BIM应用必要性

（1）汇报设计方案。在有限时间内完成方案设计工作，且需多次对接汇报，设计方案多次优化设计。作为市交通攻势重点项目，该项目关注度高、推进速度快，需要借助 BIM 技术实现密集的对外展示及汇报。

（2）汇报模型展示。在有限时间内建立模型，实现设计方案可视化汇报。项目用地局促、立交规模受限，需借助 BIM 技术精细化模拟立交交通组织，在解决区域交通出行的同时，实现与跨海大桥高速收费站和跨铁路桥的良好衔接。

（3）交通组织复杂。工程距离上游收费站出入口仅 550 m，立交东侧与现状铁路线距离 500 m。用地规模受限：紧邻泰能燃气公司、污水处理厂、现状厂房，征地拆迁复杂。

（4）区域地质情况复杂，需借助 BIM 技术模拟特殊区域路基处理。路基处理：工程进行高填方软基处理、污水塘处理、深路堑开挖；工程衔接：上跨现状环湾快速路，衔接跨海大桥高速收费站和铁路桥。

（5）项目用地局促，需要借助 BIM 技术优化平纵线形组合，消除视觉盲点。研究表明，设计方案的线型、视距、平纵线型组合与事故率息息相关。

（6）环湾路管群管线复杂、迁改难度大，需借助 BIM 技术实现多种管线及桥梁桩基的立体协调。管线迁改难度和影响：环湾路两侧重要管线密布，管位紧张，桥墩布置受制约。管线避让与预留：避让石油、灰管等重要管线，预留远期高压燃气管位，需进行暗渠翻建、明渠改建。

（7）区域景观要求高，需借助 BIM 技术实现桥梁、景观与周边环境的融合。桥梁外观造型的优化：需使用 BIM 技术对桥梁外观造型进行直观比选和优化设计。景观环境的密切结合：需结合周围地理环境和已建成地块情况综合考虑，使工程与景观环境相协调。

（8）作为青岛市智慧工地试点项目，需借助 BIM 技术实现全过程管理。根据建设单位要求，该项目将打造为智慧工地试点项目，需要设计阶段 BIM 模型向下传导，为施工管理平台的打造奠定基础。

四、应用亮点

1）道路专业在快速建立三维模型的基础上，包括 LOD 地形构建、立交线型优化调整、细部节点深化设计、VR 轻量化汇报展示、3D 打印、视距分析和净空检查几大亮点，实现总体方案的展示、工程量提量、平纵横大样施工图出图，实现传统的二维向三维设计、粗放型设计向精细化设计的转变，并通过设计成果的实时优化与评价，提升工程设计的效率、科学性及合理性。

（1）航拍受限，采用 LOD 技术构建三维真实地形。传统卫星图无高程数据、画质不清晰、加载速度慢、可视地形无高低起伏。采用 LOD 技术，构建具备真实高程数据的地形曲面，地形加载速度随之加快，清晰可见高低起伏地形，便于纵断设计对比与优化。

图 3-2-2　LOD 技术构建具备真实高程数据的地形曲面

（2）可视化拆迁方案，工程量“一键统计”。可视化汇报设计方案拆迁位置、房屋类型及工程量，解决了汇报过程中无法直观立体展示拆迁具体位置、数量的难题，有效提高拆迁工程量的准确度、拆迁汇报的质量与满意度。

图 3–2–3　可视化汇报设计方案拆迁位置、房屋类型及工程量

（3）三维地质分段建模，详细定义路基、路面及附属结构，实现工程量快速统计。本项目车行道共涉及 20 余种道路断面形式，通过对道路断面及详细多类路面结构的详细定义（包括快速路 + 主干路 + 支路等多类路面结构），实现工程量快速统计。

（4）基于精细化 BIM 模型，动态优化规范极限值下的平纵线形组合，消除视觉盲点。

图 3–2–4　平纵组合优化前后竖向对比

（5）借助 BIM 软件，开展细部节点深化设计，有效提高设计质量。对全线超高、加宽、交叉口平面布置及竖向等细部节点开展深化设计，有效提高设计质量。

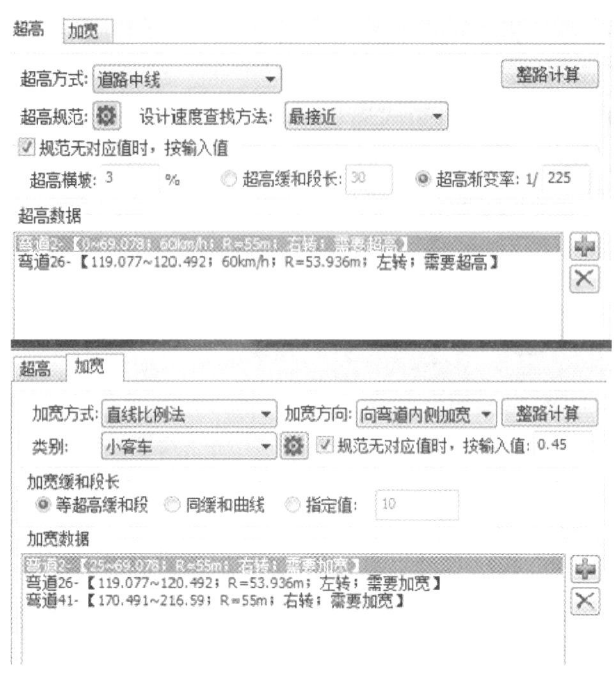

图 3-2-5　超高、加宽度自动化设置

（6）借助 BIM 软件，开展细部节点深化设计，有效提高设计质量。基于前期建立的模型，对道路细部节点进行精细化建模，如人行过街通道、无障碍设施等节点，模型精度满足指导现场施工的要求。

图 3-2-6　细部节点深化设计

（7）基于精细化建模，完成项目动画制作，实现项目建成效果的直观展示，提升汇报效果及效率并取得了各方好评。

图 3–2–7　基于精细化建模

（8）基于合模 BIM 模型，采用鸿城平台可视域分析功能对视距进行检验，保证匝道出入口行车安全。

图 3–2–8　匝道出入口视域分析

（9）基于模型，开展净空检查。通过建立的 BIM 模型，对桥下进行净空检查，同步调整 BIM 模型及桥梁设计方案，确保设计成果及 BIM 模型成果涉及的地面和上部桥梁及附属设施净空、净距满足设计规范要求。

图 3-2-9　桥下净空检查

（10）模型漫游，行车舒适性分析。设计方案生成漫游视频，以驾驶员视点测评行车舒适性。

图 3-2-10　漫游视频

2）桥梁专业通过 BIM 建模实现三维可视化、结构优化、施工交底，包括多专业协同设计、Midas 模拟软土路基沉降分析、钢结构桥梁数字化建模预拼装、钢筋碰撞与优化钢结构天桥等结构实现碰撞检查、工程量统计、剖切断面出图的亮点。

（1）实现多专业协同设计，创新性地实现结构设施功能合一。SE 匝道引道敷设于现状灰管上方，但灰管已无迁改空间；借助 BIM 技术，整合匝道与灰管管廊模型，创新性地提出了箱型引桥构造，箱型匝道兼做灰管管廊，并配套设置通风窗、检修孔等设施，实现了结构设施的多功能合一。

图 3-2-11　箱型引桥构造

（2）实现 BIM 模型与地质结构计算软件 Midas 互通。匝道箱体模型，导入 Midas 进行软土地质工况下的沉降分析，协助确定合理的软基处理方案。

（3）钢结构桥梁数字化建模预拼装、精细化设计。对钢结构天桥进行精细化建模，同步定义钢板编号、尺寸等属性参数，有效辅助数字化加工。

（4）实现钢筋刚束碰撞检查及动态优化。利用 REX2016 插件，将钢束视为依附于腹板主梁的钢筋，可以快速实现纵横向钢束和普通钢筋的同步建模、同步碰撞检查。

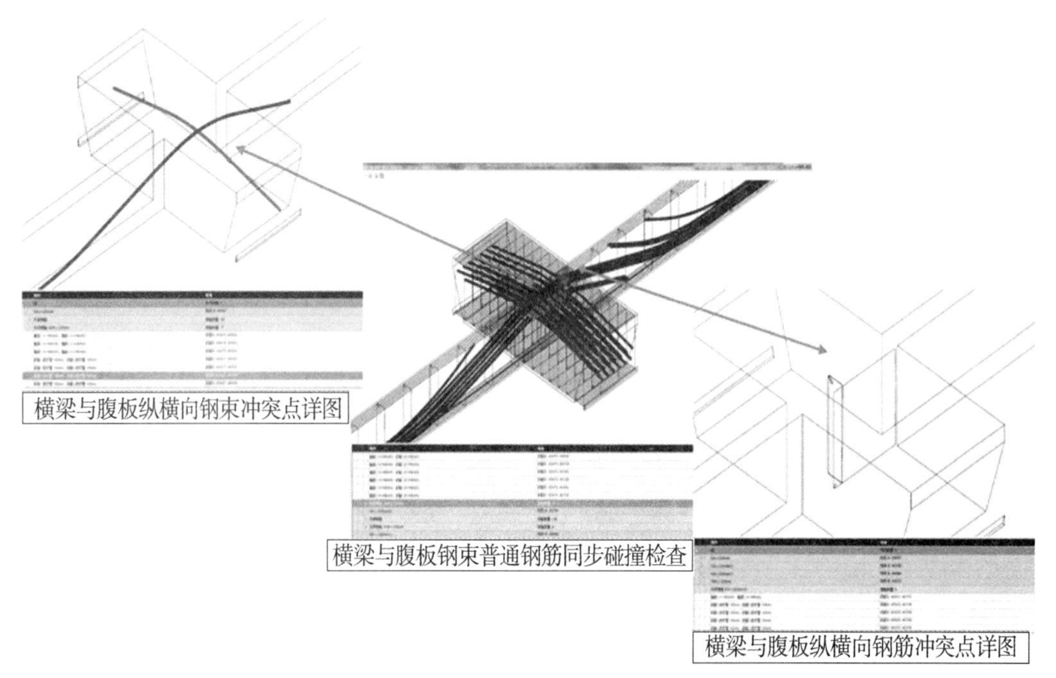

图 3-2-12　纵横向钢束和普通钢筋同步建模、同步碰撞检查

3）交通专业利用 Vissim 微观仿真模拟交通组织，优化交织段长度，保证车辆的安全通行。

（1）Vissim 优化交通组织。开展交通仿真模拟，利用 Vissim 微观仿真模拟交通组织，优化交织段长度，实现建管统一、消除通行瓶颈、提资增效。

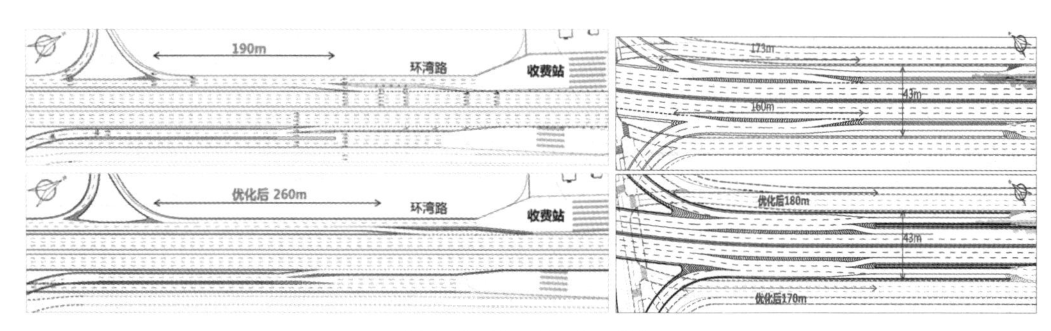

图 3-2-13　Vissim 优化

（2）对桥下掉头车道开展动态模拟，保证车辆安全通行。仿真结果表明，可满足 14 m 长大型车辆以 10 ~ 20 km/h 速度掉头行驶，交通组织连续。

（3）引入 3D 打印 – 数字化加工技术，多功能智能杆件设计比选。践行多功能智能杆建设，通过精细化建模，实现多功能智能杆杆件的快速比选及模型 3D 打印。

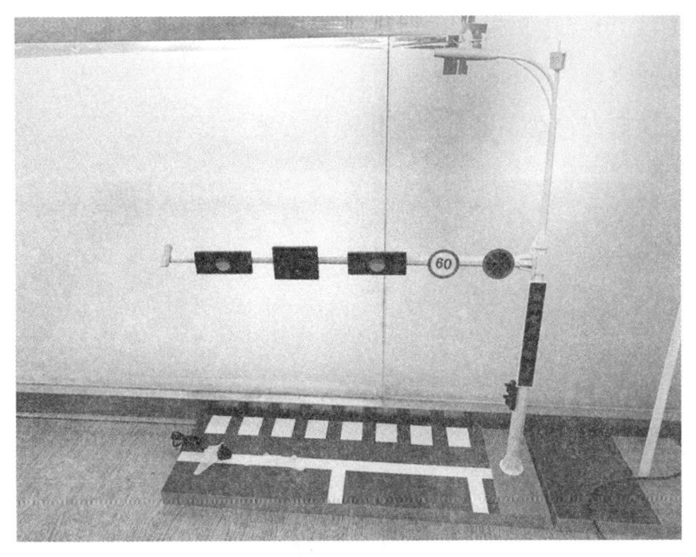

图 3-2-14 多功能智能杆 3D 打印成品模型

4）鸿业管立得 11.0 对现状管线进行描绘，在管线迁改设计工作中完成可视化设计，管线迁改与设计同步进行，构建远期规划高压燃气管位模型，使管线设计方案“可持续化”，管线碰撞优化，减少管迁工程量，降低施工难度。将综合管廊与雨污水及其他管线相结合，控制雨污水等重力流管线竖向因素，减小综合管廊埋深，降低工程造价。

（1）利用 BIM 技术，立体优化管线迁改方案。环湾路两侧重要管线密布，管位紧张，管线迁改难度大。利用 BIM 技术，可清晰直观地梳理现状管线关系，立体展现管线迁改控制因素，动态优化管线迁改方案。

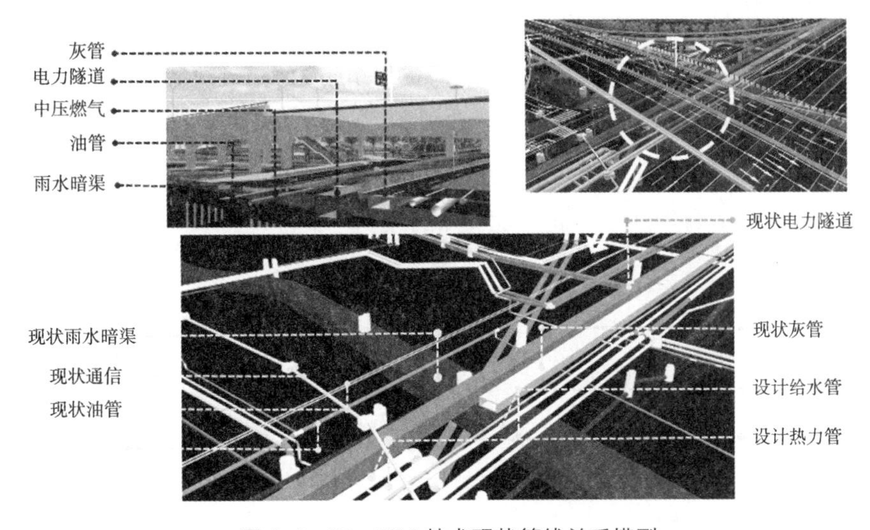

图 3-2-15 BIM 技术现状管线关系模型

（2）借助 BIM 可视化，构建规划高压燃气模型，合理优化管位，预留远期施工空间，避免重复迁改。

（3）开展碰撞检查，动态调整、优化设计方案。

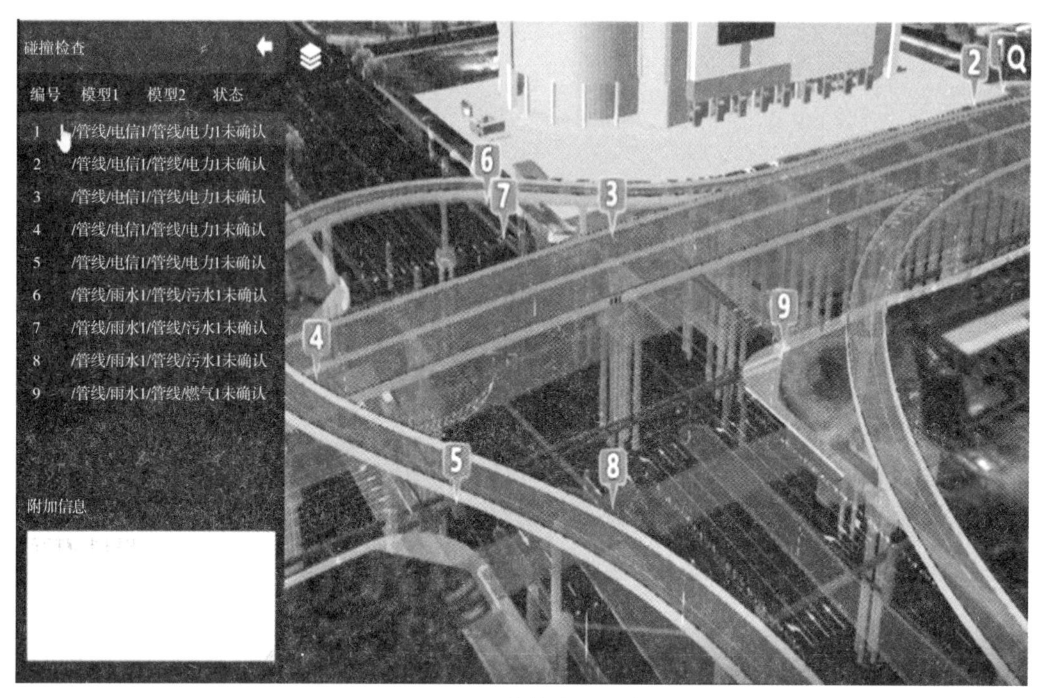

图 3-2-16 碰撞检查，动态调整

5）进行景观专业季相模拟分析，景观节点的不同季节视线需要区域景观协调设计，总体提升区域景观效果。通过建模实现三维可视化设计，实现复杂节点的设计；实现专业之间碰撞检查、设计标准碰撞检查、附属设施碰撞检查；实现节点工程量统计、三维模型转化为二维图纸，图纸作为末端产品自动随设计而改变。

（1）开展季相模拟分析，实现不同季节的视线引领及种植搭配。利用光辉城市 Mars 软件对基地进季相模拟，获得区域不同月份的季相变化，借助科学的分析工具，验证植物栽植设计的合理性，保证景观节点的不同季节视线需求。

（2）建模后可直接输出动画，动态感受区域景观设计。

图 3-2-17　光辉城市 Mars 软件模拟图

（3）借助 VR 虚拟仿真技术，“身临其境”全方位体验方案尺度关系。

（4）实现项目轻量化发布。鸿城合模成果以二维码形式发布，通过手机网络移动端进行查看，参建单位可通过手机移动端随时、随地查看设计方案。

（5）借助云端平台，该项目将打造青岛市智慧工地试点项目，实现施工全过程管理。目前建设单位计划出资 137 万元，基于设计阶段 BIM 模型打造智慧工地管理平台，实现对整个项目的全方位立体化管理。

图 3-2-18　施工全过程管理云端平台

五、总结与展望

在本工程中实现了以下技术难题的解决：以 LOD 地形建模技术攻克航拍受限难题；借助 BIM 技术实现路线平纵横结合设计，提高设计质量；平台对合模方案进行匝道出入口视距分析、桥下净空检查；实现模型与地质模拟软件的互通；开展软土路基沉降模拟，合理确定软基处理方案；深化多专业协同设计，实现多专业及上下游的数据传递；图元属性设置、精细化建模，实现钢制构建的数字化加工；开展景观季相模拟分析，实现不同季节的视线引领及种植搭配；设计模型与智慧工地云端平台互通，实现项目的全过程管理。

第四章 BIM 技术在城市景观桥梁设计中的应用

城市景观桥梁工程的建设，除了要考虑其功能性以外，桥梁的景观性功能也一样不容忽视。对于各地的地标性桥梁，从桥梁规划之初就格外强调桥梁的景观设计，景观桥梁不仅作为一个单独建筑而存在，更应发挥出其对整个城市景观整体的配合和贡献。这就要求城市景观桥梁的各个参与方对此要更加重视，并需要更加频繁地交流与协调，保证信息有效且高效传递。当然，这也对城市景观桥梁设计者提出了更高的要求。

城市景观桥梁深化设计过程精细化管理，可以理解为是将整体工程分割为诸多局部目标进行调整和把控，争取做到可以最大化地节约资源，并能够有效地降低成本。应用 BIM 技术可以将城市景观桥梁工程中各种信息和资源进行汇总，其目的是为城市桥梁景观深化设计提供足够的准确信息，进而可以起到提高精细化管理效率的作用。从理论研究的角度来看，把 BIM 理念和城市景观桥梁深化设计精细化管理结合起来应用于工程项目是可行的。两者结合应用的可行性主要体现在以下两点：一是 BIM 技术与精细化管理有着共同的诉求；二是精细化管理与 BIM 都需要不同单位合作共同完成。

城市景观桥梁常常具有较为复杂的造型（多为异形和曲面），同时涉及众多专业和行业的参与，往往工程总量未必很大，但参与的专业众多，这就需要在保障技术问题的基础上，更要考虑信息之间的顺利传递。因此在应用 BIM 技术时，单独采用一款或几款软件时很难保障工作更好、更快、更精准地完成。为了保障各专业之间的信息可以高效地传递和共享，从场地条件建模、方案模型、骨架模型、信息模型再到施工模型，采用一站式的基于 BIM 的多软件协同作业平台。

在基于 BIM 的城市景观桥梁深化设计方法理论研究方面，将 BIM 和有限元分析联合起来进行深化设计，即用 Revit 创建好的三维设计模型导入有限元软件 Midas 中进行力学分析，二者强强联合，各取所长。通过 BIM 模型与有限元分析的联合应用能够实现建模和力学分析之间的衔接与优势互补。

第一节　BIM技术在风河大桥中的应用

一、项目概况

青岛西海岸新区滨海丝路文化长廊及旅游观光大道被定位为青岛市文化长廊，北起王台五河口，南至董家口子良山，以古丝绸之路为文化背景，结合新时代“一带一路”的发展机遇，打造具有国际知名度的集休闲旅游、生态观光及文化贸易功能为一体的滨海黄金海岸带。该项目共分为四个区段，全长约 56.3 km。

风河大桥位于观光大道三区段，灵山湾风河入海口处，北侧为滨海大道现状预制空心板桥。风河大桥设计总长为 590 m，总宽 25 m，项目总投资 2.2 亿元。该工程总体布置为引桥 + 主桥 + 引桥形式，其中主桥长 350 m，为五跨连续钢拱桥；两侧引桥长 240 m，采用预制预应力混凝土小箱梁结构。

景观要求极高：风河大桥将成为沿海天际线重要景观节点，人的视角体验和感受需作为重要考量因素，临近的既有桥景观性差，对比更易突出新桥，景观重要性等级高，推荐拱 / 索桥。

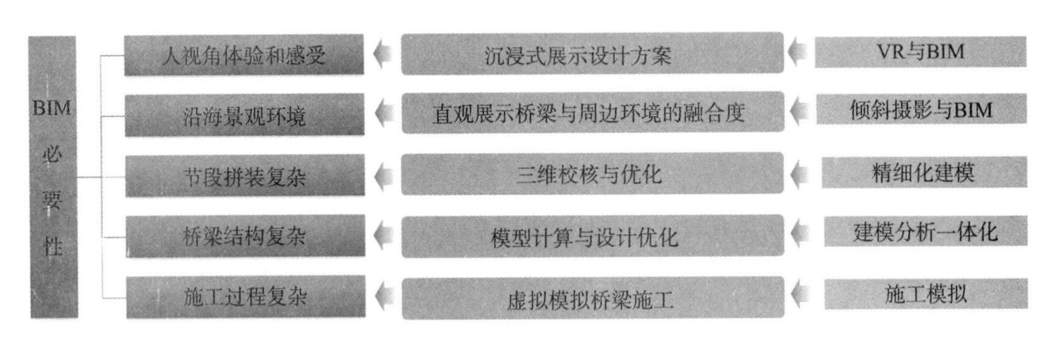

图 4–1–1　BIM 技术应用的必要性分析

边界条件苛刻：桥下净空一般，桥梁纵坡须控制在 3% 左右，保证桥下净空不小于 8 m。

工程难度较大：建设条件苛刻，施工环境复杂，需要先进的施工工艺。

二、BIM技术应用路线

1. 基于正向设计的 BIM 应用流程

设计阶段 BIM 实施方案：全面应用 BIM 技术，建立地形、道路、桥梁、附属设施等三维信息模型，进行方案优化设计、可视化展示、施工方案模拟等，指导设计人员进行深化设计，最终为施工阶段提供准确的 BIM 模型。

按照建立工程场地模型→建立施工图深度 BIM 模型→设计成果可视化展示→景观和环境分析→工程量统计分析→施工过程模拟的流程，便于各方充分理解设计意图，通过错漏碰缺检查及时发现安全区隐患和技术缺陷，及时解决问题，降低设计变更、施工协调造成的成本增长和工期延误。

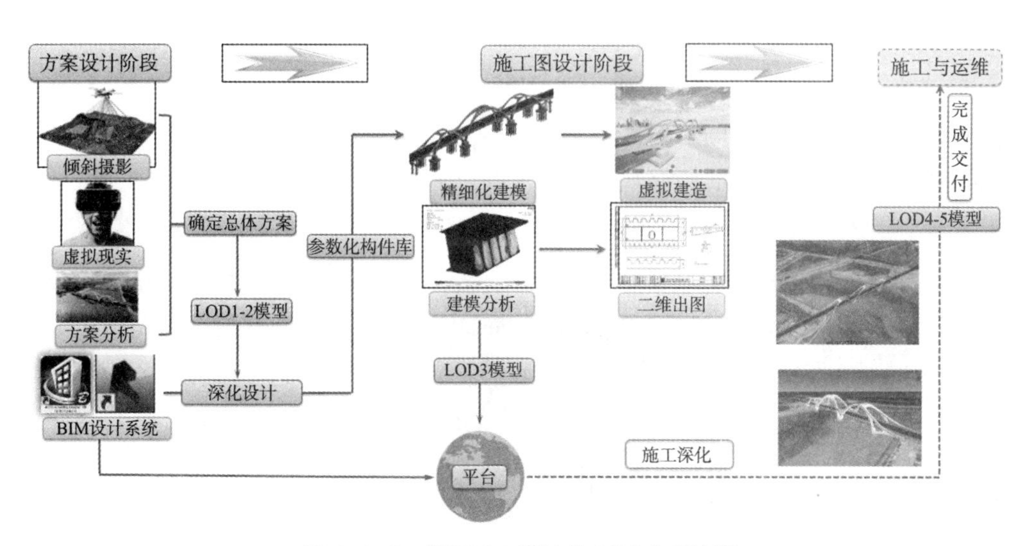

图 4-1-2　基于正向设计的 BIM 应用流程

2. 设计阶段 BIM 应用流程

设计阶段通过地理信息（地形、地质信息）以及总体方案和附属信息的建模，实现模型的整体的融合，进而对模型进行相关的受力等分析，同时实现虚拟展示、模型信息交付。

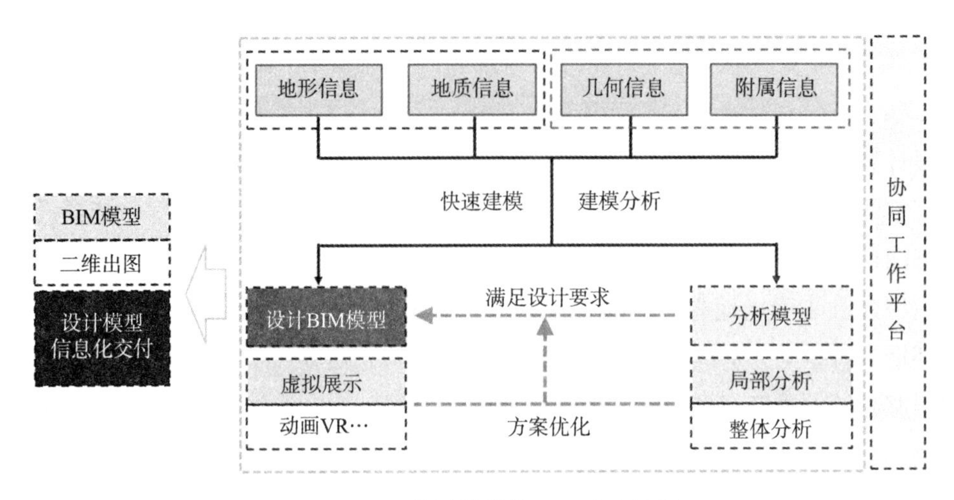

图 4-1-3　设计阶段的 BIM 应用流程

3. 建立项目级 BIM 标准，完善企业标准

在项目初期确定工程项目的 BIM 标准，形成指导手册，进而按照标准构建完善项目构件库，进一步完善企业 BIM 标准，形成良性循环。

图 4-1-4　相关 BIM 应用标准的建立及完善

4. 软硬件集成平台

BIM 设计采用 Autodesk、Bentley 双平台软件，充分发挥软件各自建模优势，并综合运用其他软件。模型在鸿城平台上进行集成，进行模型浏览、数据查看，实现了各软件之间的信息共享和模型互通，利用单位服务器及个人高性能 BIM 工作机，可顺利地完成 BIM 工作。

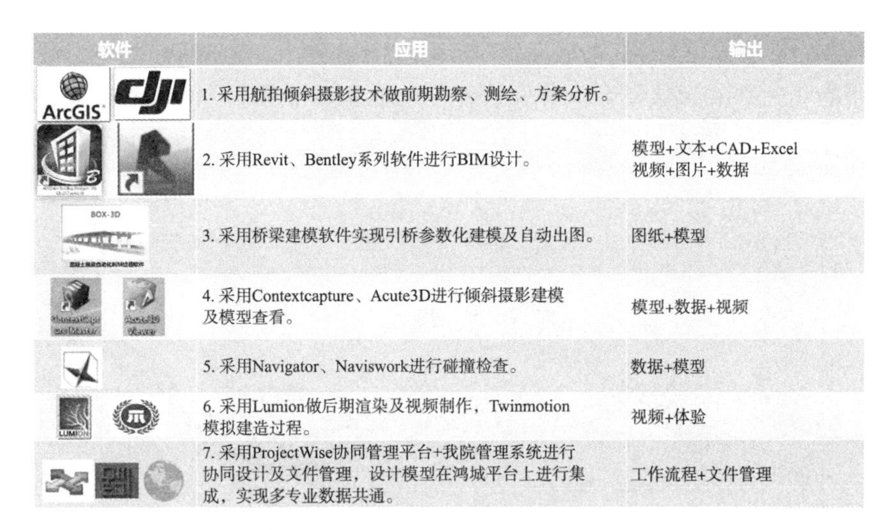

软件	应用	输出
ArcGIS dji	1. 采用航拍倾斜摄影技术做前期勘察、测绘、方案分析。	
	2. 采用Revit、Bentley系列软件进行BIM设计。	模型+文本+CAD+Excel 视频+图片+数据
BOX-3D	3. 采用桥梁建模软件实现引桥参数化建模及自动出图。	图纸+模型
	4. 采用Contextcapture、Acute3D进行倾斜摄影建模及模型查看。	模型+数据+视频
	5. 采用Navigator、Naviswork进行碰撞检查。	数据+模型
LUMION	6. 采用Lumion做后期渲染及视频制作，Twinmotion模拟建造过程。	视频+体验
	7. 采用ProjectWise协同管理平台+我院管理系统进行协同设计及文件管理，设计模型在鸿城平台上进行集成，实现多专业数据共通。	工作流程+文件管理

图 4-1-5　项目软硬件集成平台应用

将多软件协作建立的设计模型、倾斜摄影模型导入数据平台进行整合，查看三维模型及属性，同时可进行方案对比、漫游、测量等操作，实现最大化模型利用率，并为后续施工及运维应用打下基础。

5. 协同工作

通过 BIM 协同设计平台 Project Wise，将设计人员按专业分工，分权限统一纳入系统进行管理，结合设计单位的理正系统、知识库系统及工作群，形成企业信息化的构架，管理整个协同设计流程，实现协同设计。

将项目组成员分权限纳入 PW 平台，利用平台精确有效地管理各种文件，确保分散的工程信息的唯一性、及时性、安全性和可控制性。例如，当道路专业文件进行更新时，与其关联的桥梁总体布置文件会提醒更新，且自动调用最新文件。

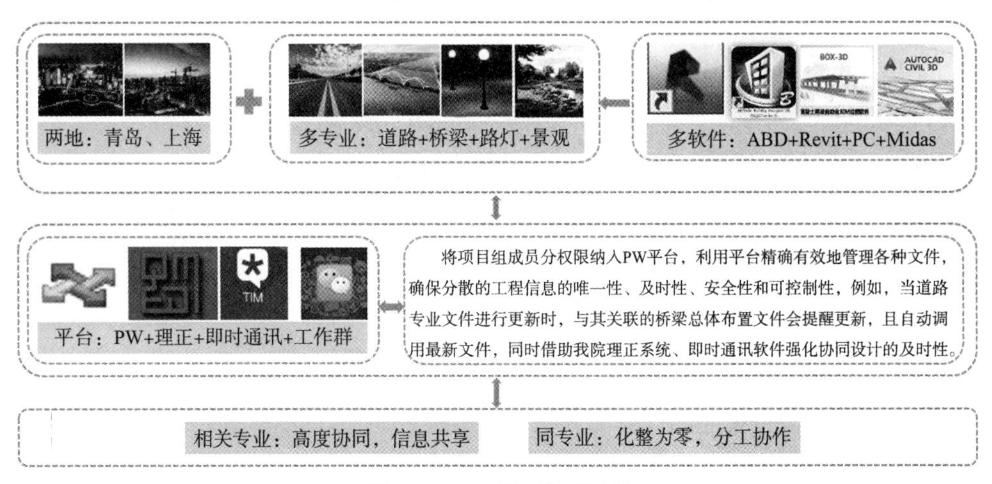

图 4-1-6　项目协同过程

拱肋 BIM 设计：在 PW 平台上统一工作环境（QMEDI Template），设计人员调用 PW 平台上的拱肋节段划分文件，协作创建模型，形成 32 个节段模型，最终整合成完整模型。

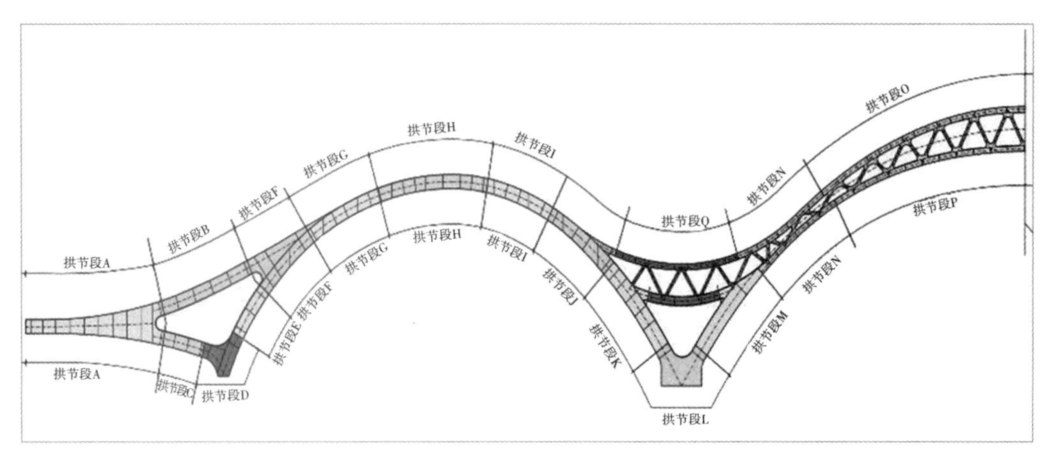

图 4-1-7　项目协同工作过程

三、方案设计阶段BIM技术应用

1. 倾斜摄影与 BIM 技术融合

倾斜摄影技术是国际遥感与测绘领域近年来发展起来的一项新技术。传统航测——单相机，从垂直角度拍摄获取正射影像；倾斜摄影——多台传感器，同时从垂直、倾斜多个不同角度采集带有空间信息的真实影像。

倾斜摄影具有三维数据真实反映地物的外观、位置、高度等属性；能够快速采集影像数据、实现全自动化三维建模；测绘精度达 cm 级；可量测影像数据，同时输出 DSM、DOM、三维网格模型、点云数据模型等多种数据成果。

图 4-1-8　三维网格模型、点云数据模型、3D 影像模型

本项目利用一台旋翼摄影相机、一个拍摄人员花一天时间即完成两平方千米的现场拍摄，再利用两天时间完成自动建模。本项目是第一个由设计人员自主完成的倾斜摄影飞行及建模项目，精度达到了厘米级。

图 4-1-9　融合倾斜摄影成果的总体方案

2. 虚拟现实助力方案比选

龙是中华民族极强精神凝聚力与团结统一的象征。龙文化在中华文化中起着维系和向心的作用。

图 4-1-10　桥梁总体方案设计意向

桥梁采用仿生学设计手法，以“龙腾于海”的雄迈形态作为描摹意象，借鉴龙腾海面之造型，以拱肋抽象线条勾勒出龙身动感的流线线形。方案以龙文化为切入口，通过桥梁造型“跃海腾龙，遨游九天”的昂扬姿态，展现出区域“自强不息，勇于开拓”的城市进取精神。

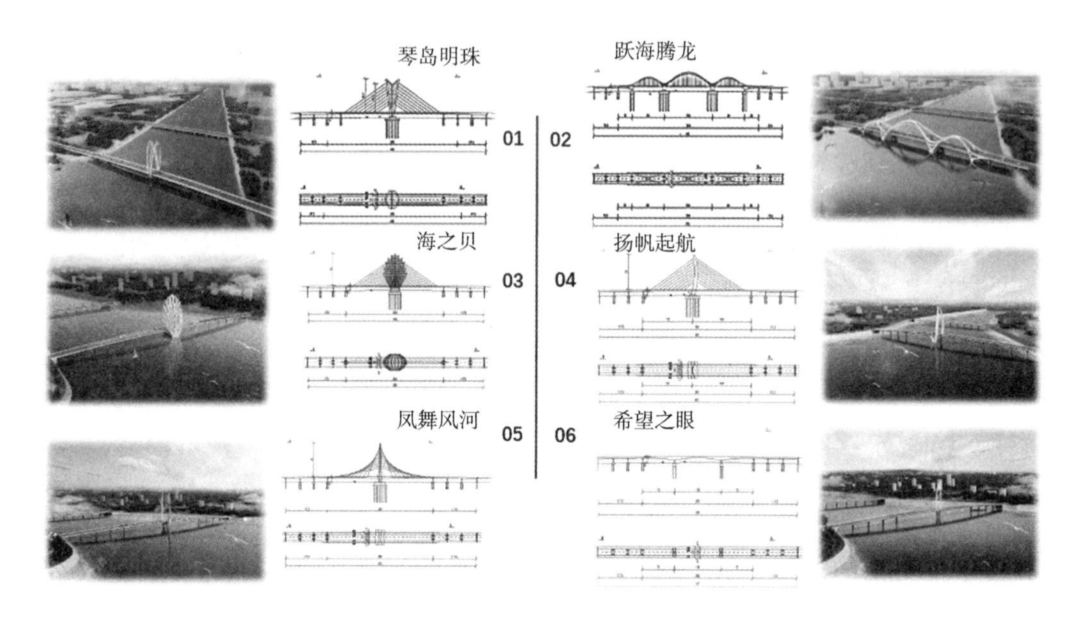

图 4-1-11　虚拟现实中的多方案效果展示及最终方案

利用虚拟现实技术提供全景沉浸式体验，全方位展示设计方案，为方案选择提供有力的工具。

图 4-1-12　全景沉浸式体验

四、施工图设计阶段BIM技术应用

1. 精细化建模

通过建模精细化设计下部结构模型、引桥结构模型、主梁模型、拱脚各模型、拱肋节段各模型。

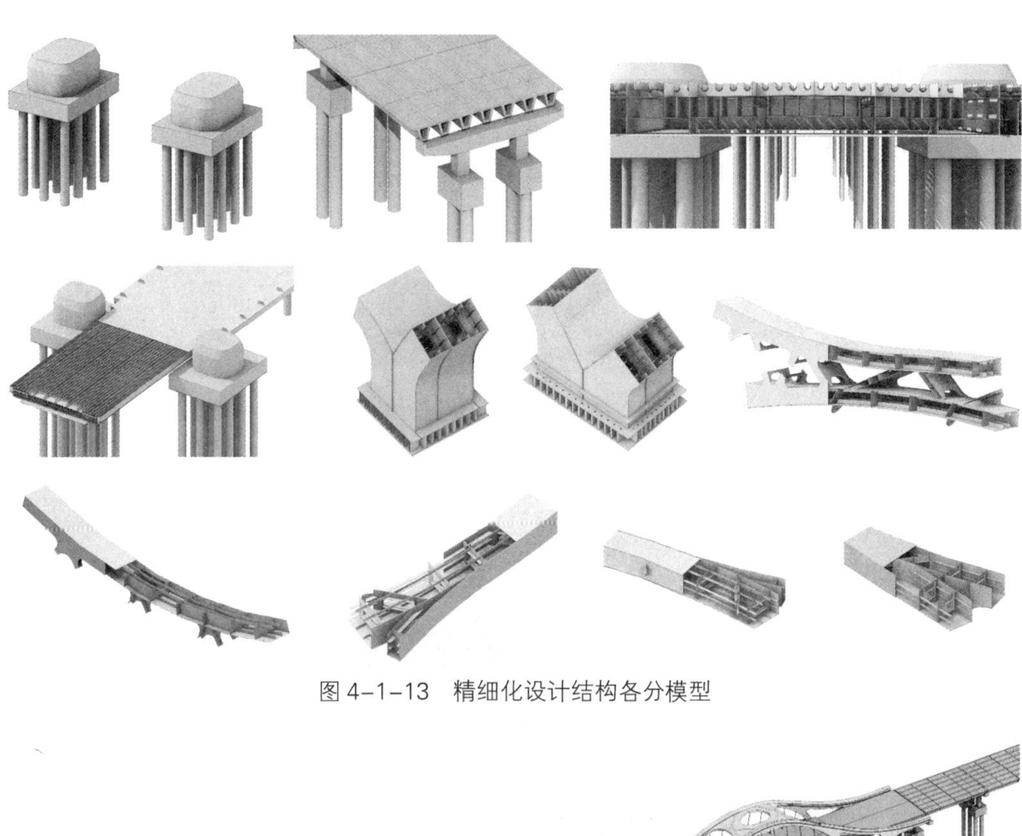

图 4-1-13　精细化设计结构各分模型

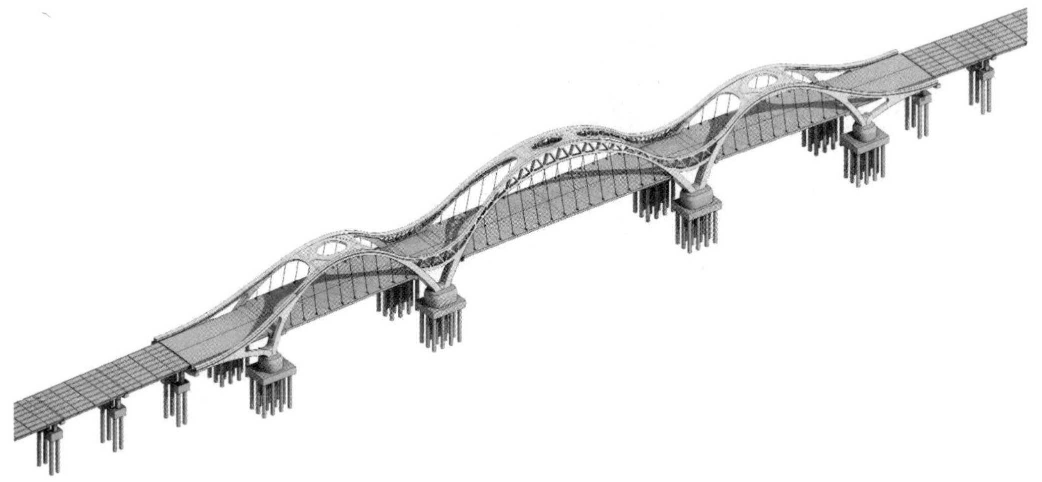

图 4-1-14　通过协同设计最终整合模型

2. 模型的应用

（1）三维校核、碰撞检查。通过对施工图阶段建立的 LOD 三级模型进行三维空间校核，能够迅速发现问题，并提供解决方案，优化设计。如腹板与底板、顶板的拼接方式存在不统一的问题，导致拼接存在差错碰。通过对整桥拱的梳理，为了保证全桥拱拼装无差错，建议拱节段拼装方式进行如图 4-1-15 所示更改，且此方案焊缝不外露，更有利于桥梁防水。

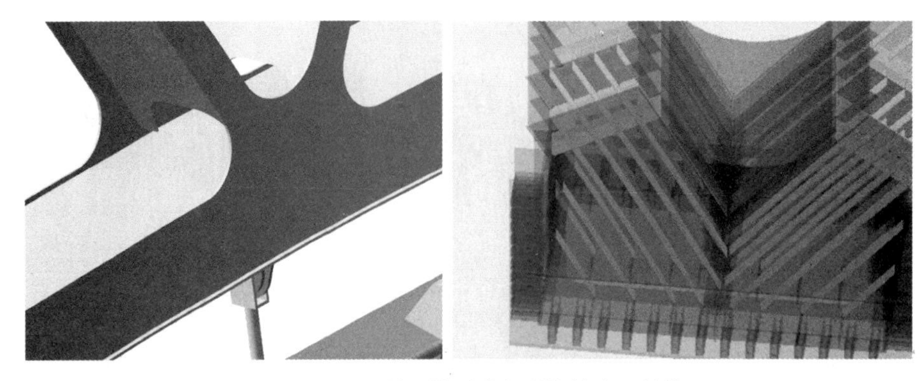

图 4-1-15　利用模型进行碰撞检查及校核

（2）建模计算一体化及工程量统计。将 BIM 模型导入到 Ansys 有限元分析软件，不仅省去大量建模工作，而且 BIM 模型精度更高，计算结果更准确。

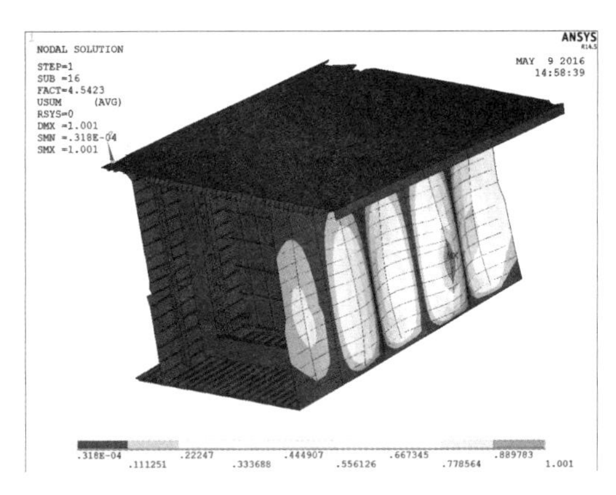

图 4-1-16　模型导入计算及工程量统计

3. 2D 及 3D 出图

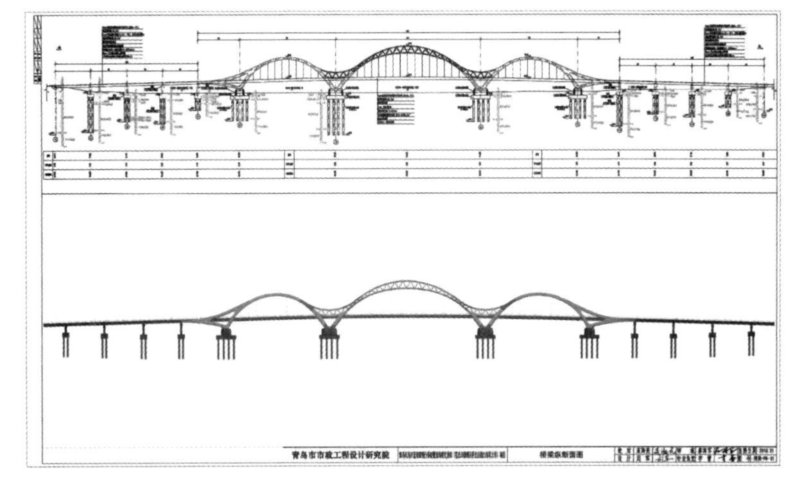

图 4-1-17　利用模型直接出总体图及节点图纸

五、应用总结

该项目初步实现了全过程、多专业的 BIM 正向设计，并创建了满足 IFC 标准的 BIM 构件库；利用 BIM 技术解决了复杂三维钢结构设计及施工难题；探索了桥梁专业由二维图库→构件库→参数化构件库→数据库转变的过程；参照行业 BIM 指南编制项目标准，进一步完善企业 BIM 标准体系，形成良性循环；大型市政桥梁工程中实现了倾斜摄影与 BIM 技术的融合，尝试了虚拟现实技术的应用；基于 PW 平台完成了多专业、同专业的异地协同设计工作；利用基于地理信息的数据平台，进行了多模型融合及模型数据利用。

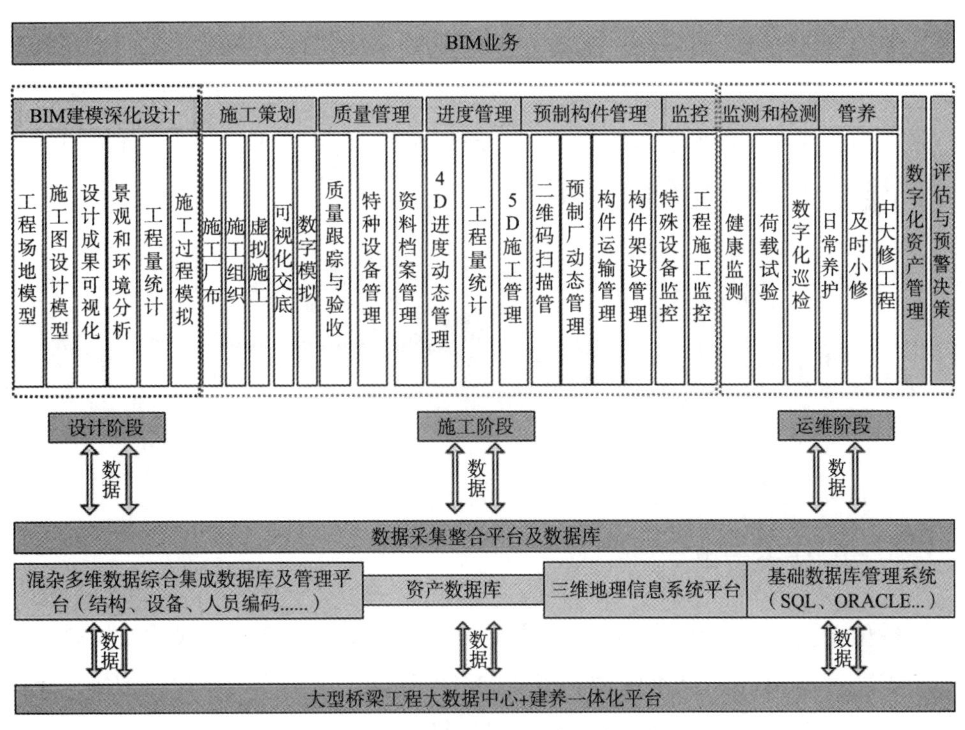

图 4-1-18　BIM 应用总体架构规划

在实体工程建设同时，同步开展数字化工程建设；实现从建设到运维的全生命周期数字化管理、数字化移交，并通过工程数据中心构建共享、互通、无壁垒的数据平台。

第二节　蝴蝶拱桥中BIM的设计及应用

一、项目概况

新机场高速连接线工程（仙山路）西起青兰高速（国高）双埠收费站，东至青银高速，全长约 9.8 km，是青岛市规划“六横九纵”路网的一“横”。通过对全线路口梳理，黑龙江路路口（下图中的节点 4）是通过青新、青银高速进出本工程的咽喉位置，且该路口周边商业、酒店、写字楼集中，规划地铁 15 号线在此设站，此路口为重要城市节点，是打造标志性桥梁的最好位置。

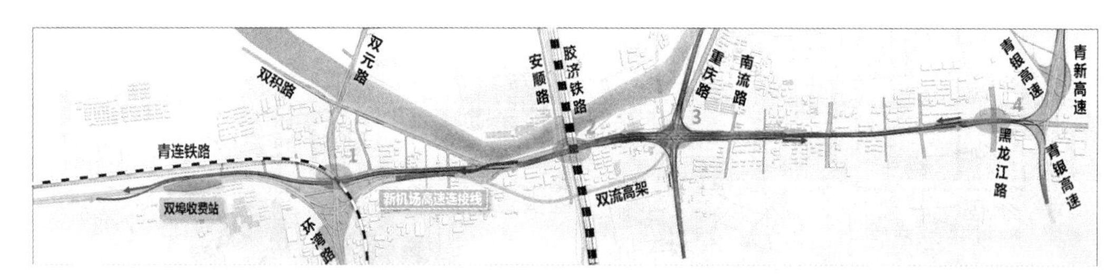

图 4-2-1　工程沿线重要节点分析

二、BIM技术应用

该桥位于夏庄立交桥梁分幅处，主梁为变高、变宽的空间曲线桥，蝴蝶拱与主梁连接需通过 BIM 进行精准定位；蝴蝶拱造型复杂，由空间三维曲面构成，无法出二维图，只能交付三维模型。工程量难以计算，其本身重量也不可知，影响下部梁体结构计算，只能通过三维模型核算。蝴蝶拱结构计算建模难度大，BIM 模型可导入 Abaqus 进行计算，提高效率。其施工难度高，需分节段拼装，如何划分节段需进行三维分析，安装时需进行三维空间定位。

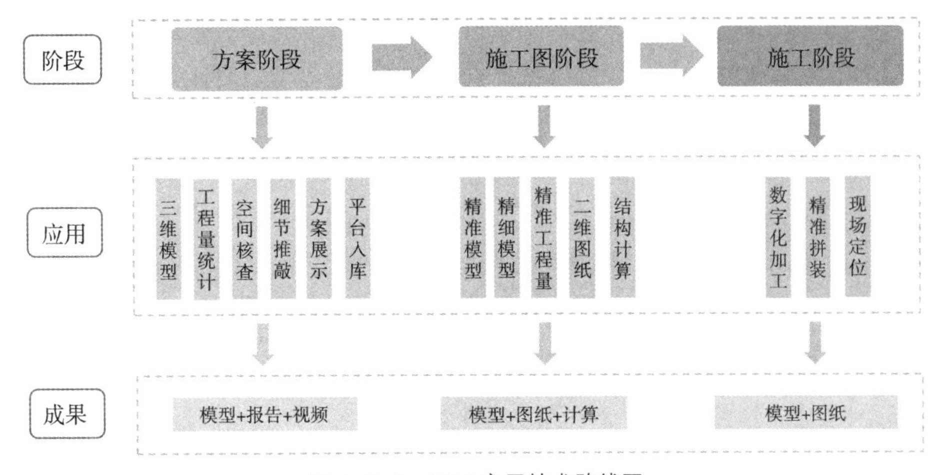

图 4-2-2　BIM 应用技术路线图

三、方案设计阶段BIM技术应用

（1）方案比选。该路口靠近夏庄立交，是通过青新、青银高速进出本工程的咽喉之地。夏庄立交范围内景观设计思路为“花团锦簇”，以色彩丰富的花带勾勒出流畅的线条，宛如飘舞的彩带。

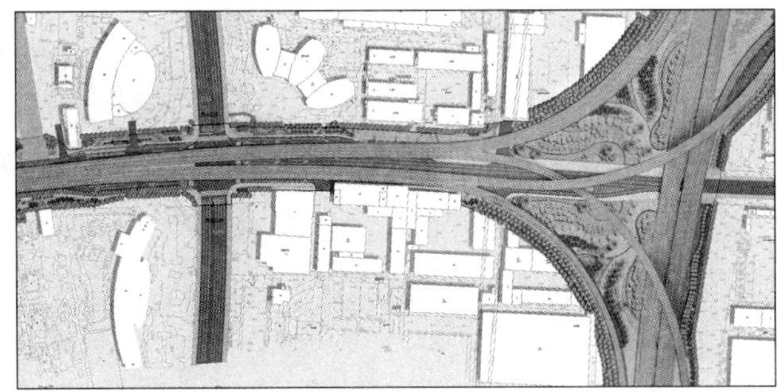

图 4-2-3　桥址周边环境分析

结合该路口周边现状及景观方案特点，项目组初步拟定了两个方案。方案一：花灿蝶舞，整体造型犹如蝴蝶翅膀；方案二：金色花生，整体造型犹如金色的花生。

图 4-2-4　两方案效果图比选

方案一：平面采用仿生学设计手法，以蝴蝴为设计意向，用顺滑的曲线连接平行于桥梁边线的外扩线，勾勒出蝴蝶翅膀形态，曲面内配以恰到好处的曲线镂空，营造出轻盈、通透的蝶翼效果，整体造型简洁、优美、自由、浪漫。

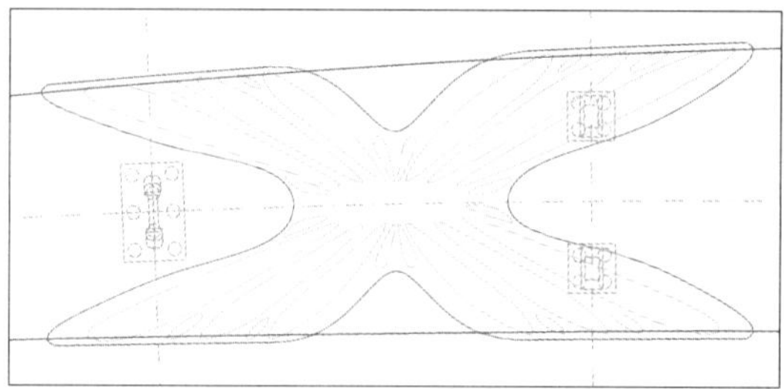

图 4-2-5　方案创意来源及平面设计图

立面造型由上下两个圆弧构成，圆弧相接处倒圆角顺滑，整体呈椭圆形结构。为保证桥面净空满足要求，拱脚宽度大于桥面宽，拱脚线距桥面边线 2.2 m。桥面宽 32.6 ~ 37.6 m，拱宽 37 ~ 42 m；拱高度为 15 m；拱厚为 0.5 m，实行 UV 曲线成面→剪切出蝴蝶造型→增厚成蝴蝶造型体→边缘倒圆角→按照面板厚度抽壳→初始模型的流程，将蝴蝶拱、中心造型立柱、桥体进行整合后再进行下步分析。

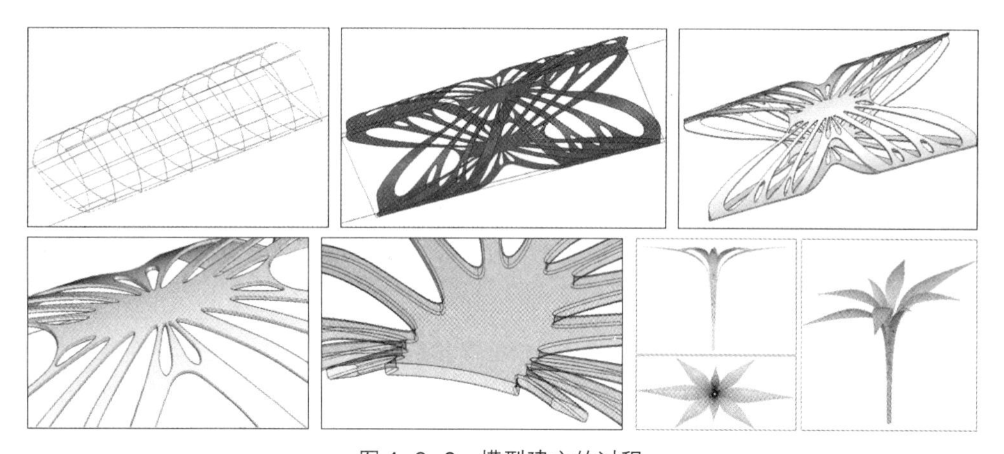

图 4-2-6　模型建立的过程

方案二：创建方案二金色花生模型，造型整体以流线形态架于节点桥上，形态宛如金色的花生，又好似一朵金色的祥云。

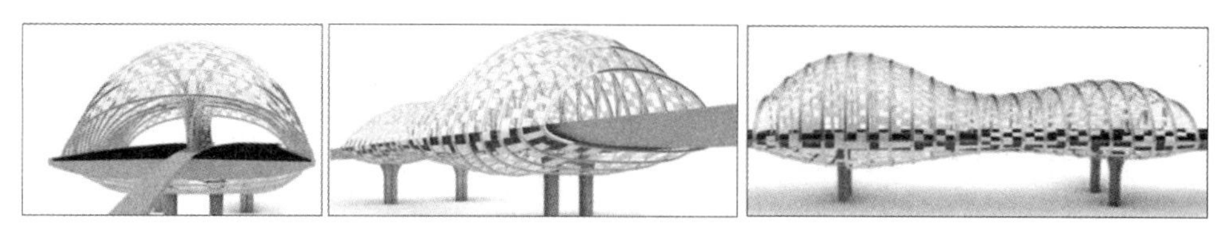

图 4-2-7　方案二的模型外观

综合考虑两个方案的意境、周边环境融洽程度、标志性等特点，推荐方案一。

（2）立面优化设计。平面设计不变，立面方案由上、下两个连接在一起的圆拱，优化为仅保留上面一个圆拱，同时对主梁横断面进行优化，腹板成圆弧状与上部拱顺接，其他设计条件不变。

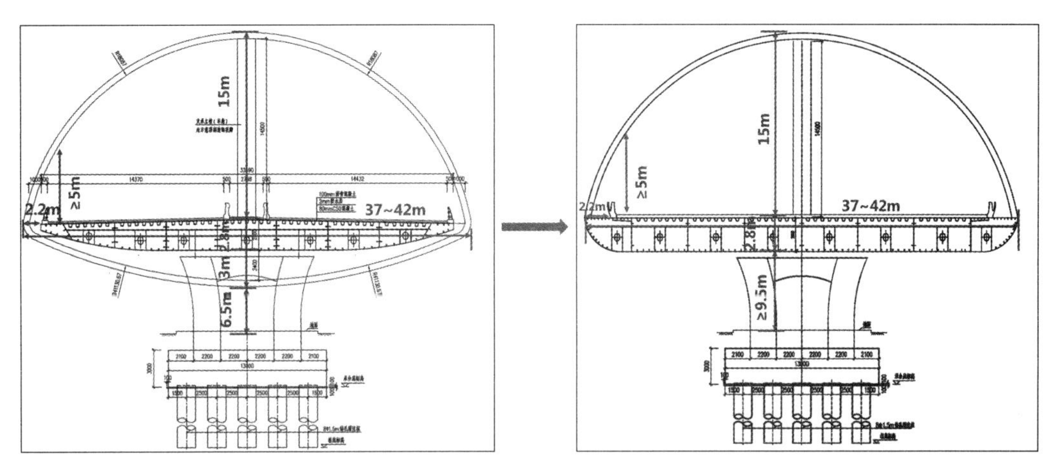

图 4-2-8　立面优化设计

建模的第一步是获取拱脚线即主梁边线，而此处主梁边线是两根变高、变宽的三维空间曲线。首先利用 ORD 创建三维中心线，再根据三维中心线、主梁横断面，利用 OBM 创建精准主梁模型。根据主梁模型，提取出主梁边线得到蝴蝶拱三维拱脚线，同时根据高度及宽度确定蝴蝶拱弧形轮廓线。将主梁模型、蝴蝶拱模型、立柱及装饰模型进行整合，查看整体效果并进行后续分析。通过不同视角景观效果分析，原推荐方案压缩了桥下净空且桥下空间显得杂乱，因而优化方案景观效果更好。

图 4-2-9　推荐方案

（3）构受力性能比较。原推荐方案为上、下两个拱构成一个闭合椭圆，其与下部梁体连接难度较大，蝴蝶拱较难“生根”，受力不合理。优化方案蝴蝶拱整体落在梁上，与主梁形成一个整体，实现蝴蝶拱“落地生根”，且重量较轻，整体受力性能较好。

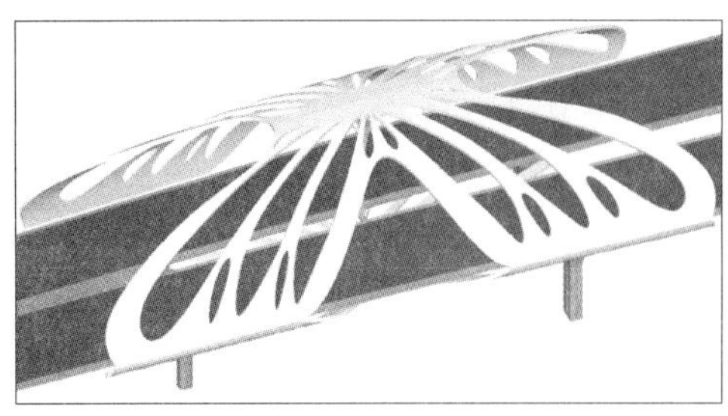
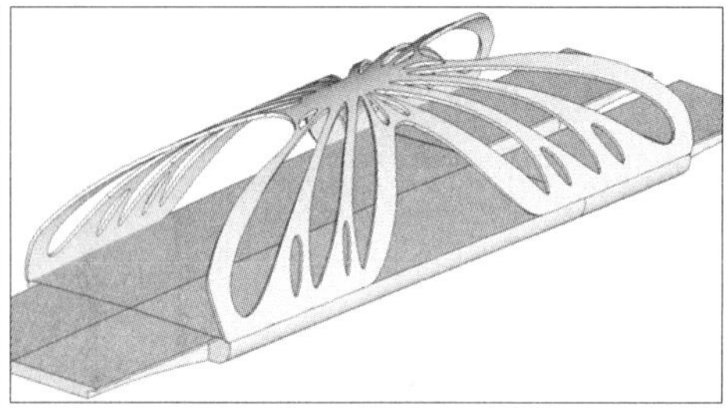

图 4-2-10　原推荐与优化后方案的对比

（4）孔洞调整优化。通过 BIM 模型进行立面分析显示，孔洞与梁体距离过高且不等距，蝴蝶拱不够轻盈、不对称。进行孔洞调整优化，保证孔洞与梁体间为 2 m 等距。

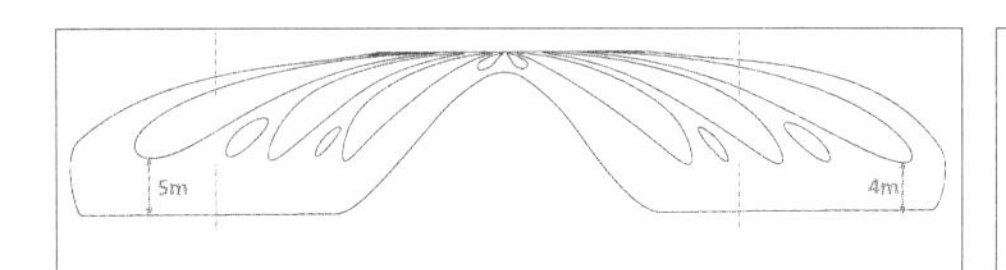

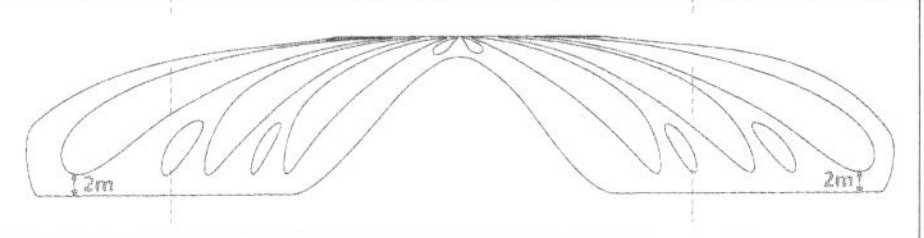

图 4-2-11　原方案与优化后孔洞图

（5）三维净空分析。对拱下道路净空进行三维核查，与二维相比，三维净空核查更加真实、直观、精准、高效。经碰撞分析检查可知，蝴蝶拱设计满足净空要求。

（6）亮化设计。结合 BIM 模型进行亮化设计，在拱架两侧桥面上及蝴蝶拱中间安装大功率投光灯，通过剪影的手法，含蓄且自然地表现出拱架形态特征。灯光颜色采用简洁明快的变色光，通过智能灯光控制实现彩色、暖白等多种艺术效果，在整体桥梁景观中起到“画龙点睛”的作用。

图 4-2-12　色彩丰富的亮化工程

（7）鸿城合模。模型导入鸿城平台，与其他专业进行合模，实现企业内平台化应用，并进行方案的效果展示。

图 4-2-13　实景融合鸟瞰及平面图

四、施工图设计阶段BIM技术应用

（1）蝴蝶拱箱室结构分为上面板、下面板、横隔板、加劲肋、内封板、装饰封板六大部分，且全部为空间异形曲面结构，需分别创建实体模型，才能进行加工。

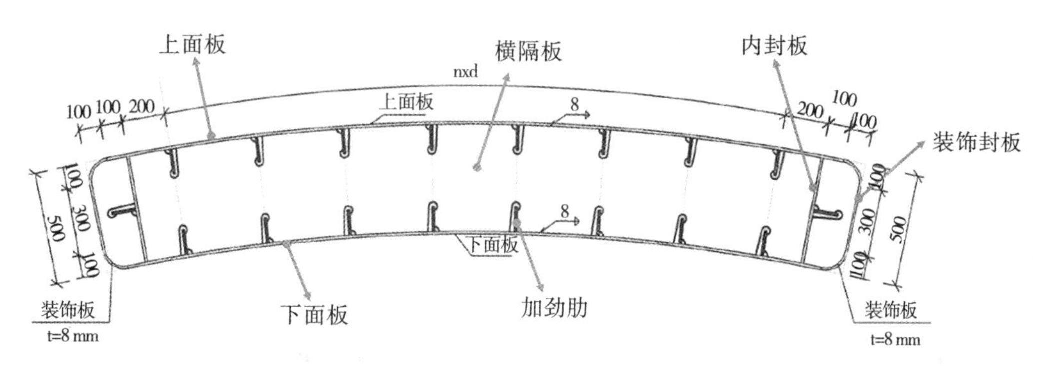

图 4-2-14　蝴蝶拱箱室结构图

（2）在蝴蝶拱二维平面上确定横隔板位置，画出二维横隔板定位线，实行二维横隔板定位线→投影到三维空间曲面→增厚成体→提取出三维边线→ UV 曲线成面→增厚成体的流程，如此获得精准三维横隔板 268 个。

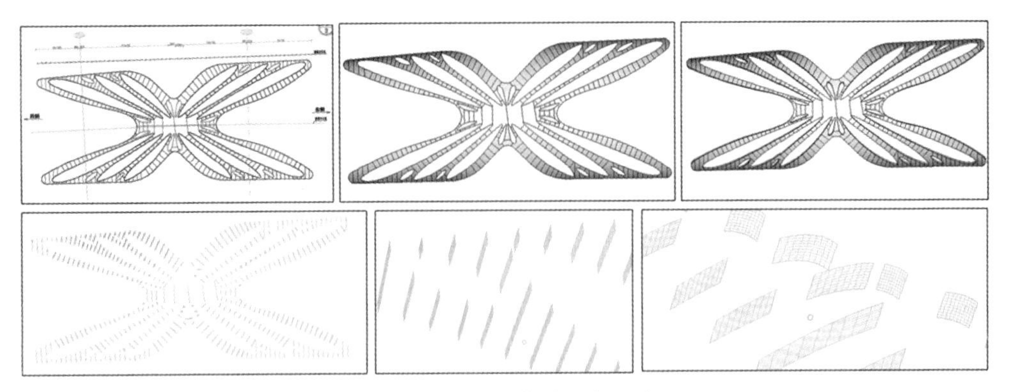

图 4–2–15　三维模型的建立过程

（3）精准创建所有构件模型。利用 BIM 技术精准创建蝴蝶拱六大部分构件模型，共包含异形三维构件 542 个。

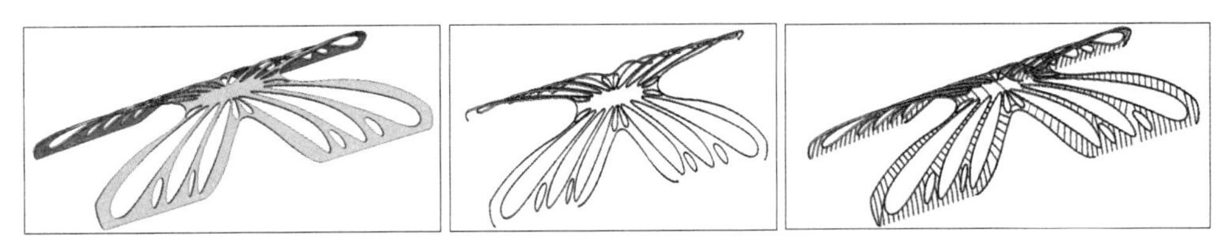

图 4–2–16　上下面板、内封板、装饰封板、横隔板 + 加劲肋

（4）实体模型计算。该项目结构计算工作由三个团队完成，并对结果进行互相校核，提高结构分析可靠度。BIM 模型导出中间格式 .sat/.stp 文件，再导入 Abaqus 进行计算。整个计算数值模型包含节点 39 万个，3D 壳单元 47 万个。BIM 模型能够与结构计算一体化，实现一模多用、数据共享的目标，节省 15 天时间，最终完成 16 种工况条件下的结构计算，形成计算报告。

（5）杆系模型计算。利用 BIM 技术三维设计功能，提取节点空间坐标，用于杆系模型计算，实行平面确定拱轴线→投影到三维空间曲面→提取三维空间拱轴线→1 m 等距布点→一键提取三维坐标（723 个）的流程。

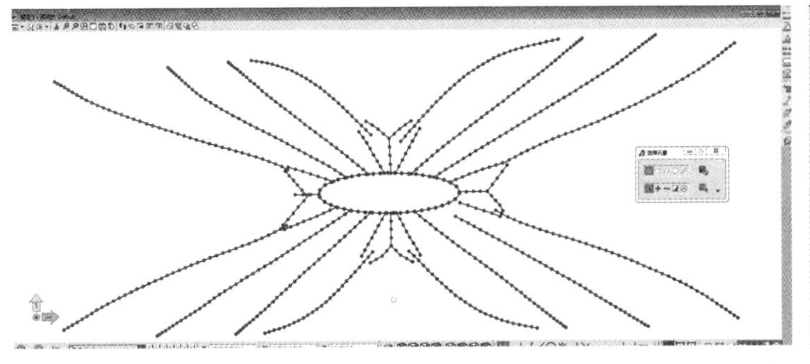

	A	B	C
1	237917.4143	122744.7111	57.6527
2	237917.4143	122743.5527	57.2844
3	237917.4143	122742.4179	56.8489
4	237918.117	122741.7378	56.5431
5	237918.8156	122741.067	56.2105
6	237919.6854	122740.5918	55.9506
7	237920.5513	122740.1187	55.6745
8	237916.7494	122741.7031	56.5411
9	237916.0884	122740.9976	56.2064
10	237915.2243	122740.5075	55.9597
11	237914.3634	122740.0192	55.6982
12	237933.1543	122746.5383	58.0553
13	237932.0384	122746.9978	58.1497
14	237930.8888	122747.3711	58.2176
15	237929.7411	122747.7511	58.2785
16	237928.5941	122748.1345	58.3316
17	237927.4472	122748.5193	58.3764

图 4–2–17　1 m 定距点及一键提取坐标

提取出节点坐标后，在 Midas 中一键导入，创建出杆系模型。723 个空间节点的模型创建不到半小时，不仅大幅度提升了工作效率，同时数据非常精准，提升了计算模型质量。

（6）一键分部计算工程量，高效且精准，不仅为施工下料提供数据支撑，同时也为结构计算确定荷载提供准确数据。

五、施工阶段BIM技术应用

（1）加工过程。该异形空间曲面结构加工过程为：542 个三维曲面展成平面→排料图→下料切割→弯曲制造→预拼装→现场拼装→涂装。

（2）曲面展开下料。以上面板为例，上面板三维中轴面展平为二维面，按照设计及施工要求分片，共 90 片。

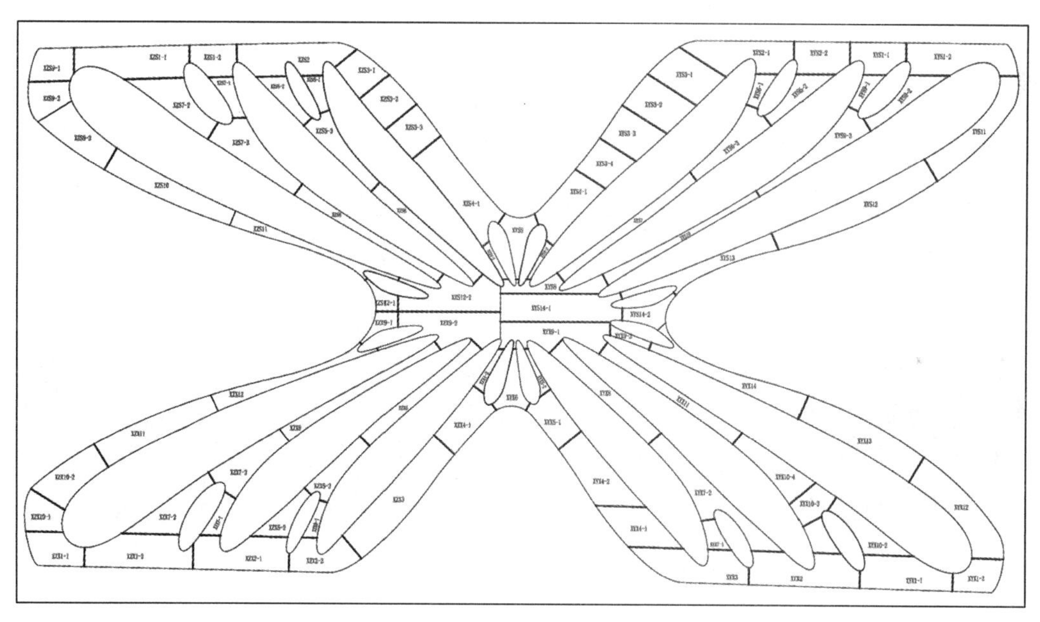

图 4-2-18　曲面展开图

根据每一小片的形状特点出排料图，将排料图导入数控排版软件中，利用数控机床进行下料切割，整个过程减少废料约 160T。

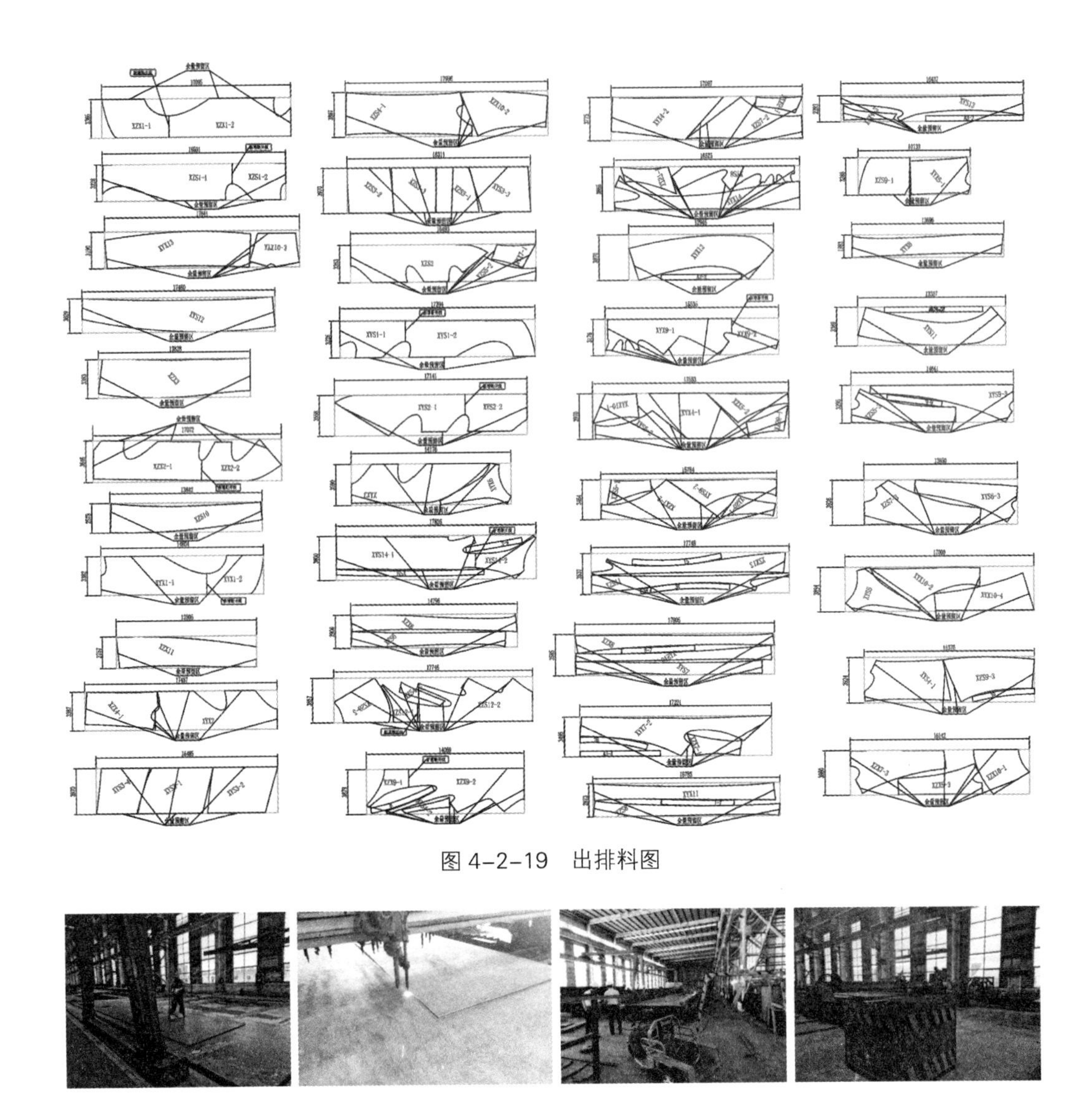

图 4-2-19　出排料图

图 4-2-20　工厂下料切割现场照片

（3）弯曲制造。下料加工好的平面钢板需要进行空间曲面复原，首先对平面排料图进行网格化处理。按照纵横向 50 ~ 100 cm 间距划分网格。

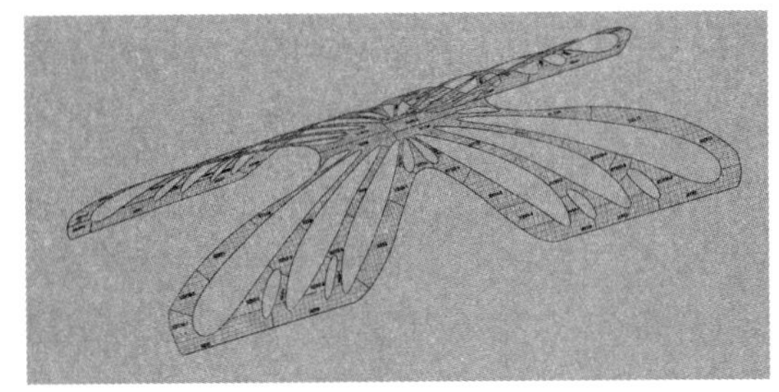

图 4-2-21　网格划分 BIM，还原三维空间曲面图

利用 BIM 技术将已经分片且网格化的平面，还原成最初的三维空间曲面，此时的空间曲面已经分片且网格化。将每一空间曲面的网格交点坐标提取出，在卷板机中先预弯钢板，再按照该坐标对钢板进行校正，如此即加工出空间异形曲面钢板。

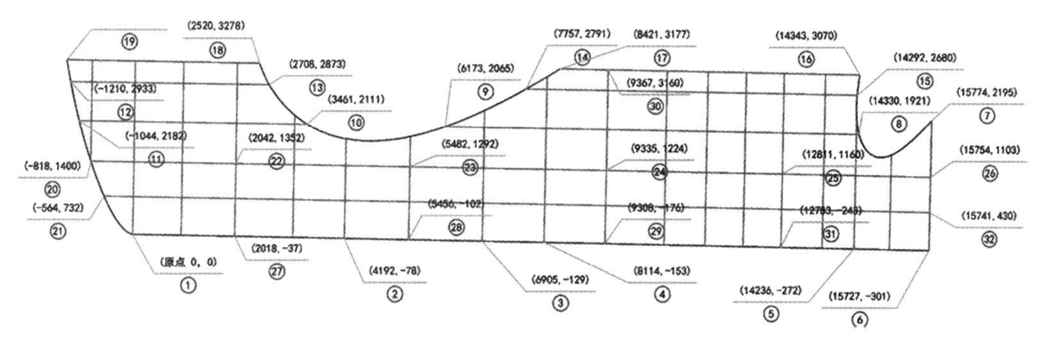

XZX1按照中轴面展开平图

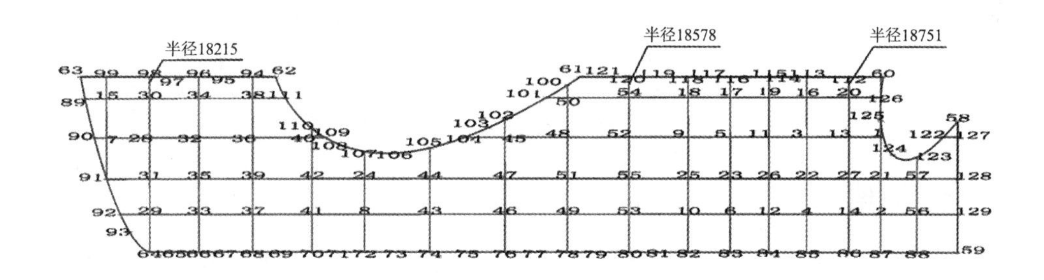

XZX1折弯成空间曲面俯视图

图 4-2-22　加工空间异形曲面钢板示意图

（4）预拼装。利用 BIM 技术设计蝴蝶拱拼装的胎架模型，在工厂进行预拼装。预拼装无误后即可进行现场拼装及焊接，焊接均采用熔透焊，保证质量，如此即完成整个工程的施工。

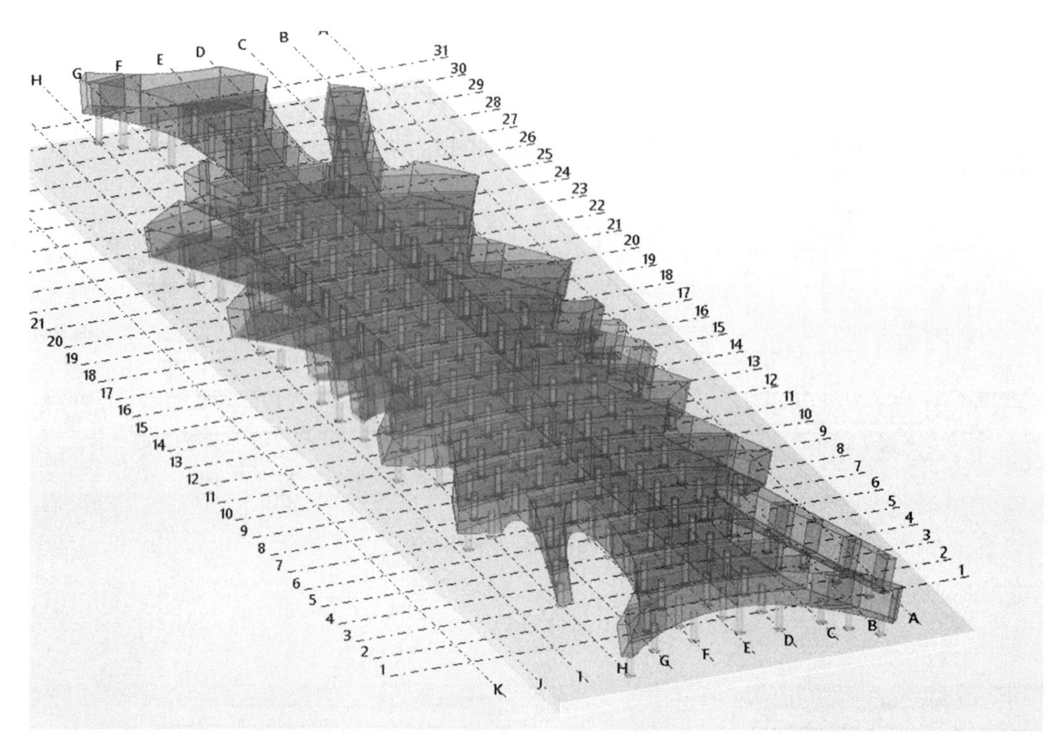

图 4-2-23　拼装示意图

六、总结

本工程实现了方案研究→三维设计及出图→结构计算→下料加工→预拼装→现场拼装全过程 BIM 应用，共生成了 12 种数据格式文件，每种数据都起到了应有的作用，实现了数据互通，极大地提高了生产效率。

方案→施工图→加工→安装全过程 BIM 应用的流程，涉及道路、桥梁、景观、路灯等多个专业；整个蝴蝶拱加工级别的部件达 1 100 余个，且全部为空间异形曲面，通过 BIM 技术顺利完成了设计及施工；实现全专业、全过程三维数据互通及流转，首次完全以三维模型的形式进行交付；利用 BIM 技术显著提升了效率及质量，缩短设计周期三个月、施工周期八个月，节省投资 500 余万元；BIM 技术最核心的功能得到了很好的应用，起到了不可替代的作用；对异形桥梁设计、施工有了直观、真切、具体的认识。

第三节　烟台万达天桥BIM技术的应用

一、项目概况

2019 年，烟台市治拥堵保畅通工作领导小组办公室为缓解交通拥堵，制定出市区十大交通堵点治理方案，拟在万达广场交叉口建设行人过街天桥。

万达天桥，位于烟台市中心位置，毗邻烟台文化中心、万达广场以及烟台毓璜顶医院。周围用地功能复杂，多以公共建筑为主，拟建环形天桥串联各功能用地。其长度 390 m，主桥面积 1 262 m^2，装饰风嘴面积 6 520 m^2，是山东省设计规模最大的变截面环行天桥。该造型复杂，需采用 BIM 模型进行方案设计。其整体为多段异形变截面，设计难度大。风嘴设计需三维拟合，空间核查难度高。施工难度高，加工、拼装需三维空间定位。

二、BIM应用技术路线

方案阶段建立模型进行空间核查，设计阶段进行精细化设计，施工阶段进行数字化加工。

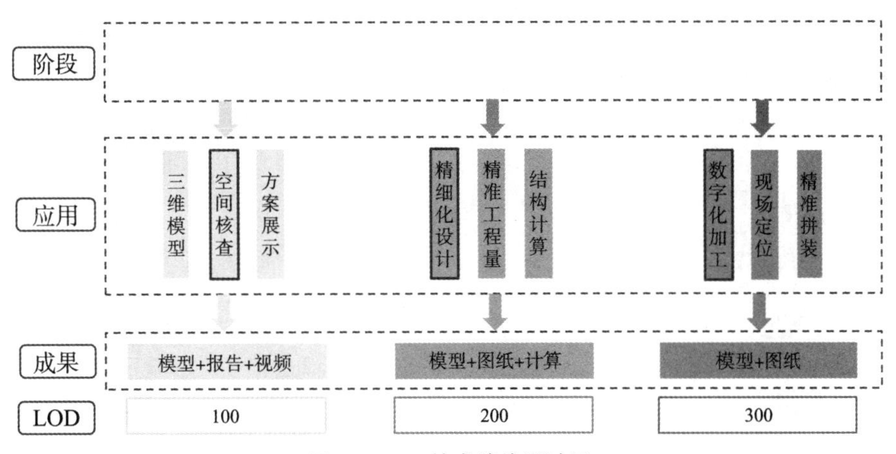

图 4-3-1　技术路线设计图

该项目涉及软件多达十余种，方案设计以犀牛为主建立模型，施工图阶段以 Tekla 软件为主，进行精细化设计加工，后期以 Limion 软件为主。

三、BIM技术应用

1. 方案阶段的 BIM 技术应用

（1）方案阶段进行人流需求分析，四个地块均有较大通行需求，因此建立环形天桥进行串联。透过丝带舞律动出海浪的浪花，结合无限符号带来的生生不息，展现出烟台市芝罘区中国文化的传承和连绵不断的人潮，宛如海洋般的生机勃勃、长流不息，营造出芝罘区港口城市的生态景观。

图 4-3-2　设计灵感来源

由丝带的设计理念，延伸出内环与外环相结合的主桥布置方式，其中外环长 188 m，内环长 202 m，共计 390 m，天桥主梁宽度为 2.4 m ～ 4.5 m。

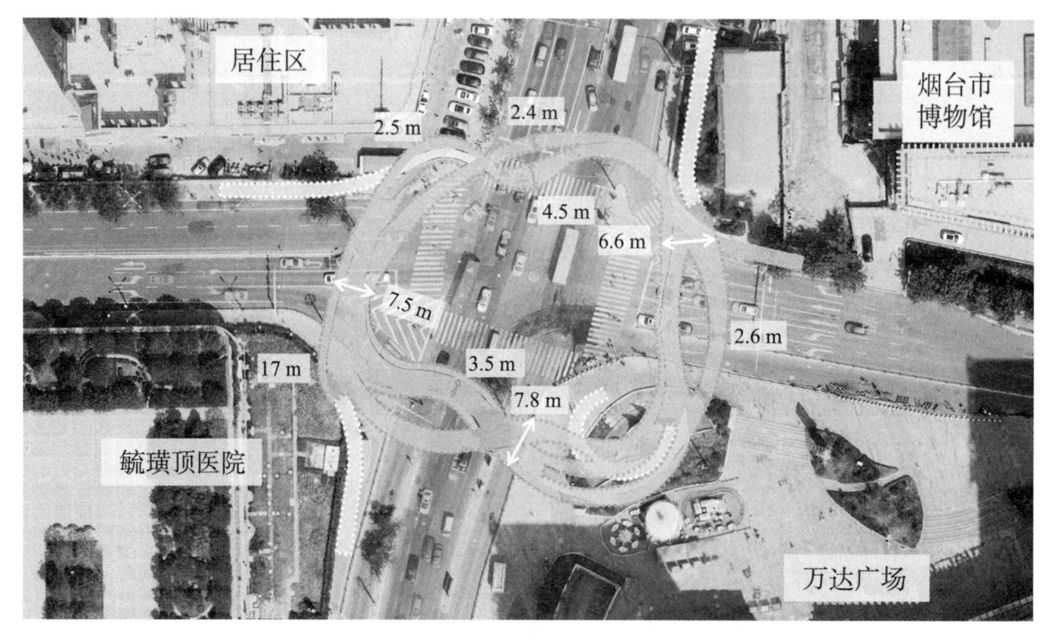

图 4-3-3　桥梁平面布置图

天桥分别于四个地块设置四处推行梯道、四处梯道，结构宽度约为 2.7 m。天桥东南侧预留连廊，实现人流与万达商业地块的直通。天桥西南侧上部结构通过设置悬挑平台，预留连接毓璜顶医院的远期条件。

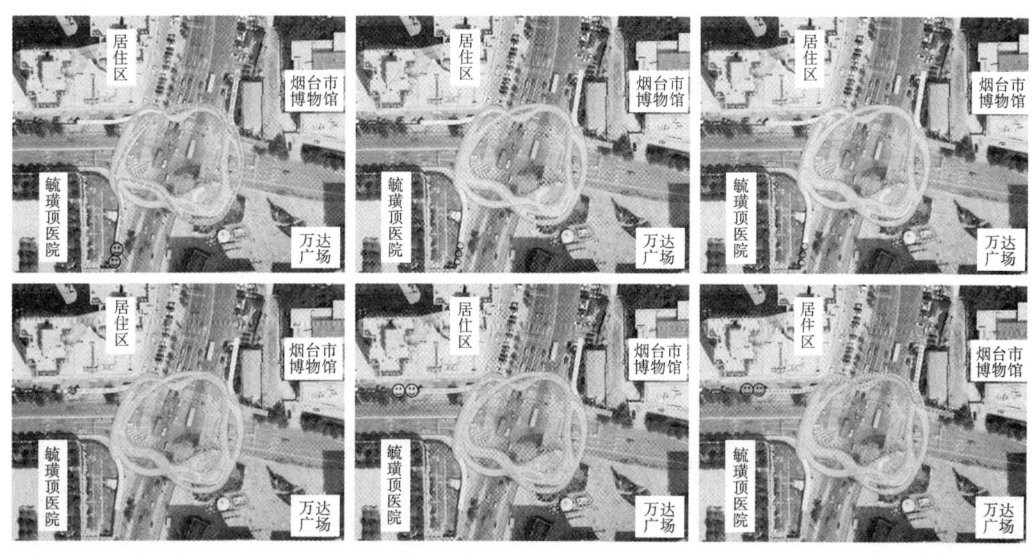

图 4–3–4　人流路径分析图

（2）现状路口渠化提升亦为“烟台市十大治堵工程”之一，结合本次天桥方案，调整了道路边线，进行了相应的渠化改造，在人车分离的同时，疏散了交通。

图 4–3–5　现状道路及渠化方案

（3）摸排地下管线，形成三维模型，进行合模，调整梯道位置，尽可能少地干扰现有管线、暗河，局部进行改造提升。万达广场侧已建成地下车库，相应梯道已收入主桥范围内，减少了桩基数量。

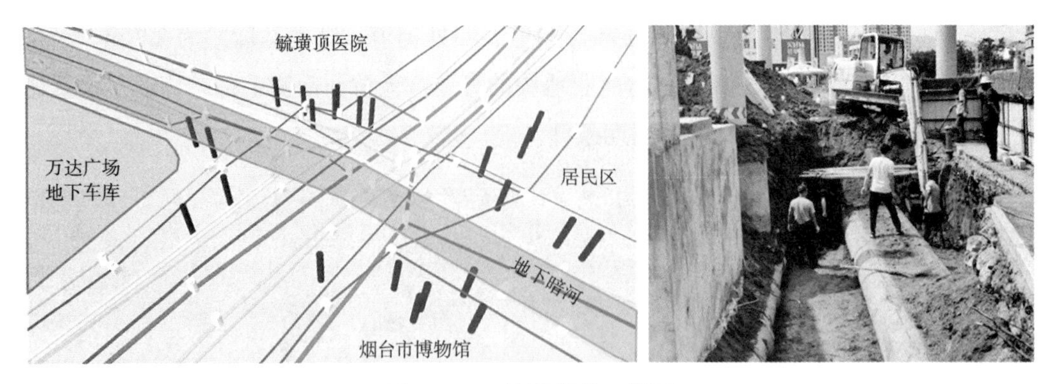

图 4-3-6　现状管线三维图

（4）天桥采用内外环结合的布置方式，其中外环长 188 m、内环长 202 m，共计 390 m。天桥四个方向共设置八座梯道，方便市民安全便捷地到达万达广场、文化中心、毓璜顶医院及周边居住区。目前，万达天桥下部结构已经全部完成。

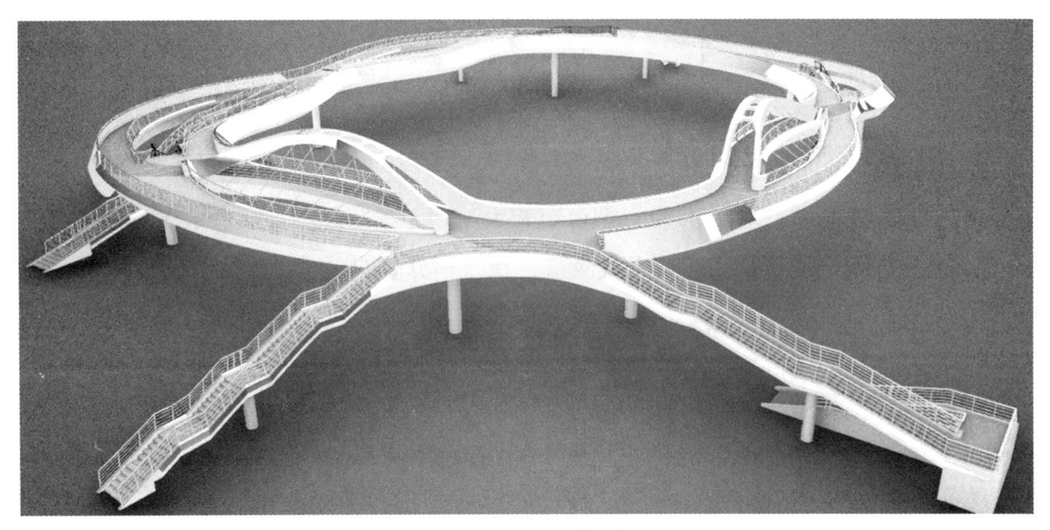

图 4-3-7　三维模型图

2. 施工图阶段

（1）施工图阶段包括主体结构、附属结构。Rhino 主桥中心线、边线、横隔板位置等导入 Tekla Structures，进行主梁及拱肋钢结构深化，采用数字化加工。

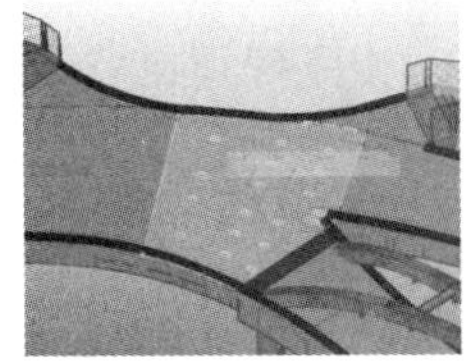

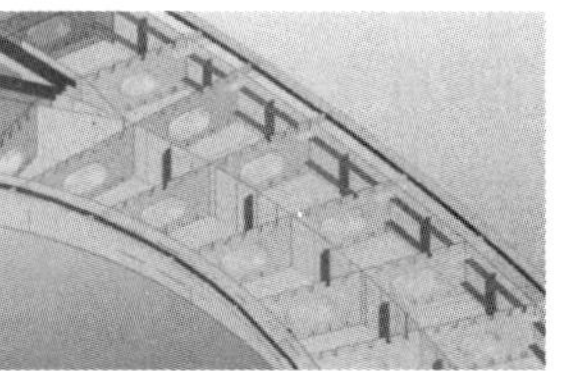

图 4-3-8　复杂节点的细节展示图

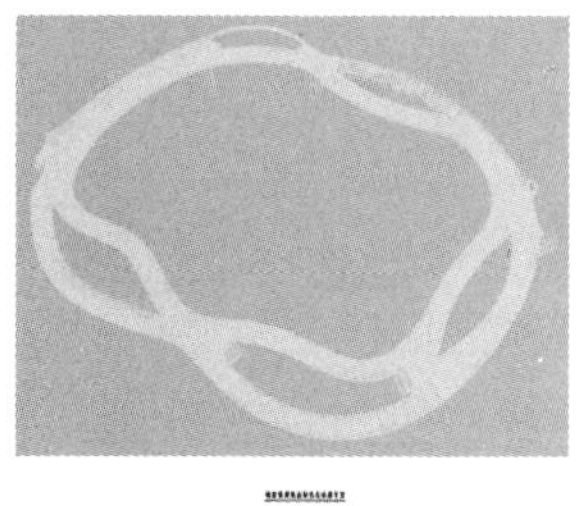
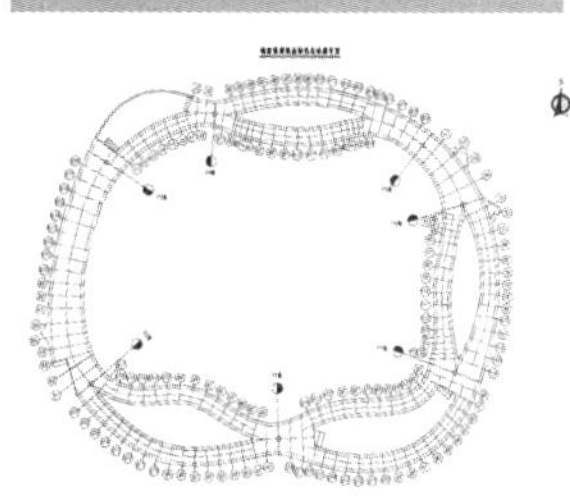
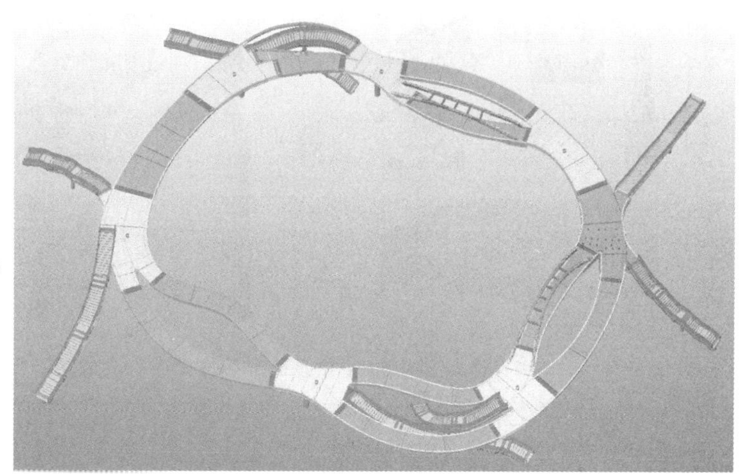

图 4-3-9　犀牛建模导入 Tekla 进行深化加工

（2）利用模型确定受力主拱三维曲线造型以及拉索耳板空间位置、角度，准确便捷地指导现场施工及安装。

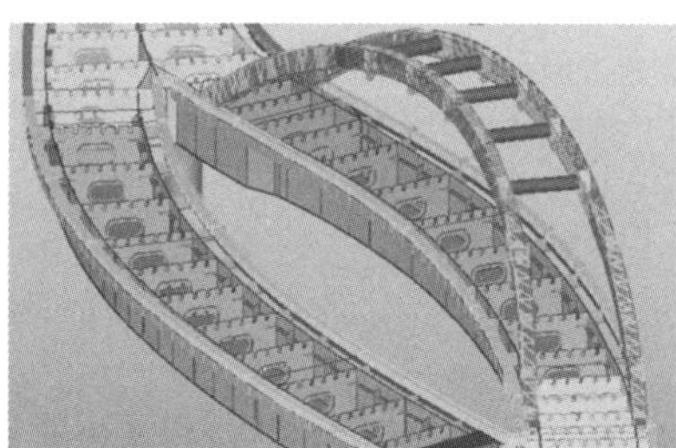

图 4-3-10　拉索耳板现场、模型确立空间位置、细节构造图

（3）Rhino 软件强大的空间曲面能力，生成外包装饰风嘴，提升流线感，降低主梁设计难度；利用 Navisworks 软件进行碰撞检查，能够及时调整栏杆角度。

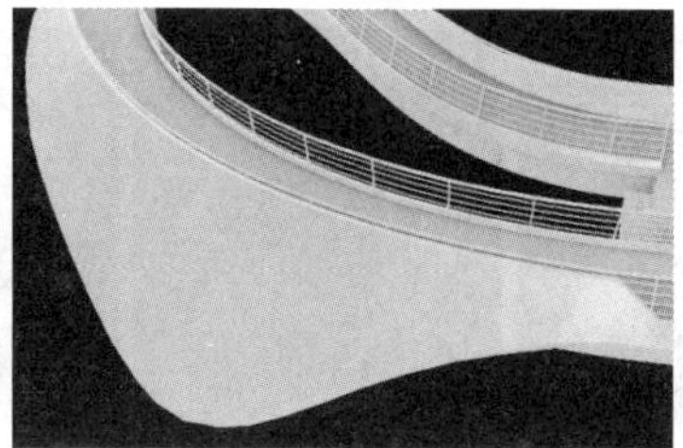

图 4-3-11　装饰风嘴的渐变造型代替主梁变宽

（4）对桥梁结构进行分解，自建 BIM 族库，将复杂结构作为参数化族载入项目中，形成异形钢结构景观桥设计标准，为后期景观桥梁的设计提供参考。

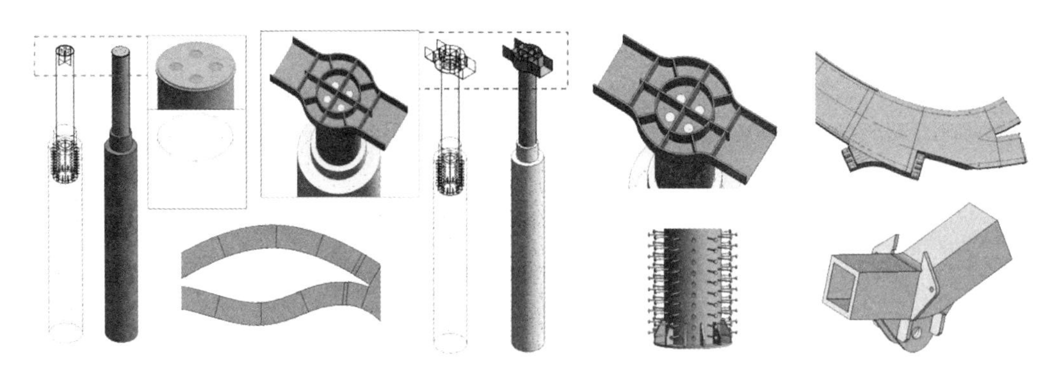

图 4-3-12　主桥基础、桩柱相接、拱截面等族库图

（5）三维模型可提取中心线，一键导入 Midas，进行结构计算，1 260 个节点单元，可迅速完成模型计算。

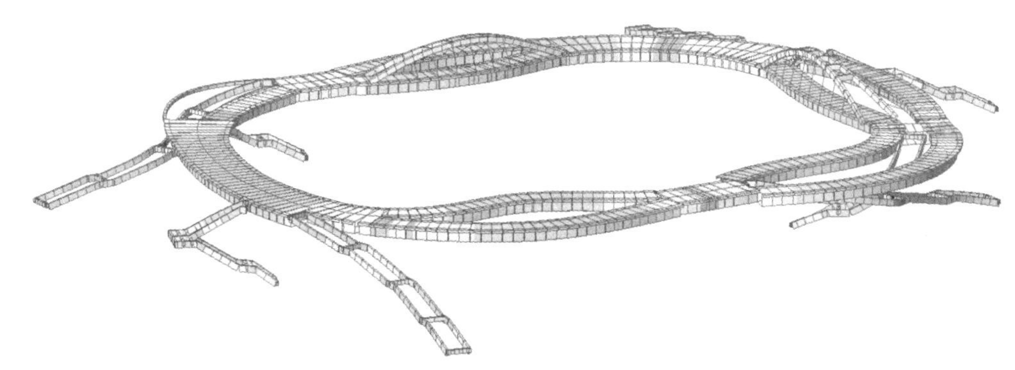

图 4-3-13　导入 Midas 完成模型计算

（6）借助 Lumion 强大的渲染功能，进行铺装方案比选和优化。通过 Lumion 进行亮化方案比选，最终确定以“水”为切入点，把水的机理通过颜色与纹理光相的结合，构筑陆上光的水脉，塑造连续整体的交错纵横感。

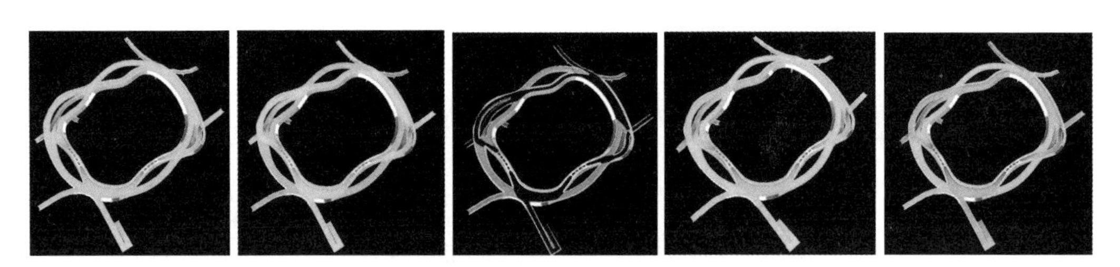

图 4-3-14　Lumion 铺装方案比选

3. 施工阶段

（1）Tekla 精细化模型，可对零件进行编号，生成零件图纸，并自动统计工程量。

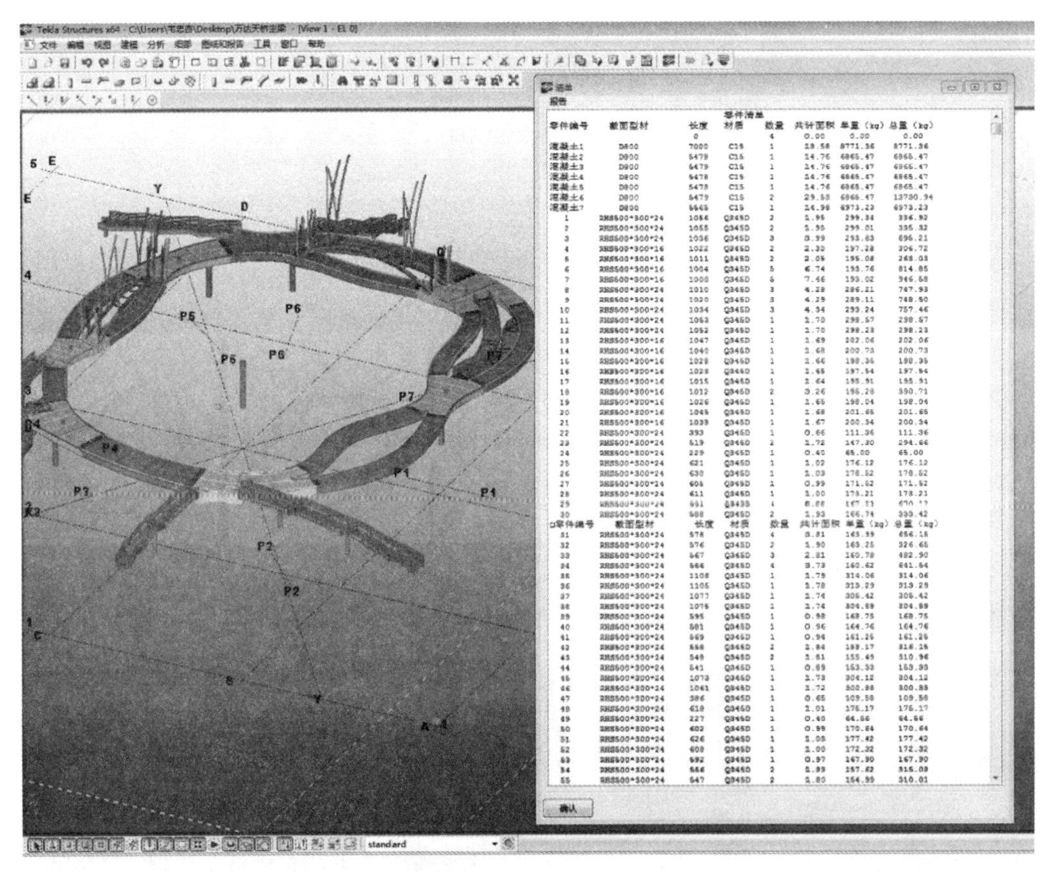

图 4-3-15　工程量表

（2）Tekla 三维模型可导入 SigmaNEST 系统，利用可视化数控编程及数字化管理系统软件的直接读取转化功能进行自动排版及 NC 编制，进行数控切割，在降低出错率的同时，总用钢量减少 10% 以上。

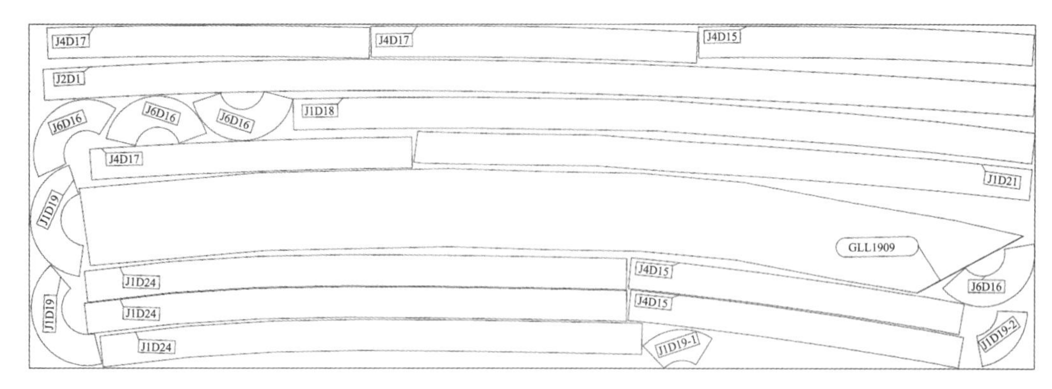

图 4-3-16　数控切割现场及拼装示意

（3）结合吊装及运输要求，合理分段，进行场内拼装焊接。运输节段最长 33 m，最宽 13.2 m，提前协调交警部门于夜间 11：00 至次日 5：00 进行交通调流。现场拼装可由 Tekla 模型直接提取三维坐标，极大地提高了工作效率。精准定位，吊装钢梁节段进行拼装，在 17 块钢箱梁安装完成之后，整体撤出 40 道临时承重支架。

图 4-3-17　场内拼接 \ 焊接及现场运输 \ 吊装照片

4. 3D 精细化打印

三维设计模型通过中间格式 STL. 导入 Materialise Magics 中进行模型检查及修复，根据不同比例生成不同壁厚的打印模型，比选确定最终尺寸。

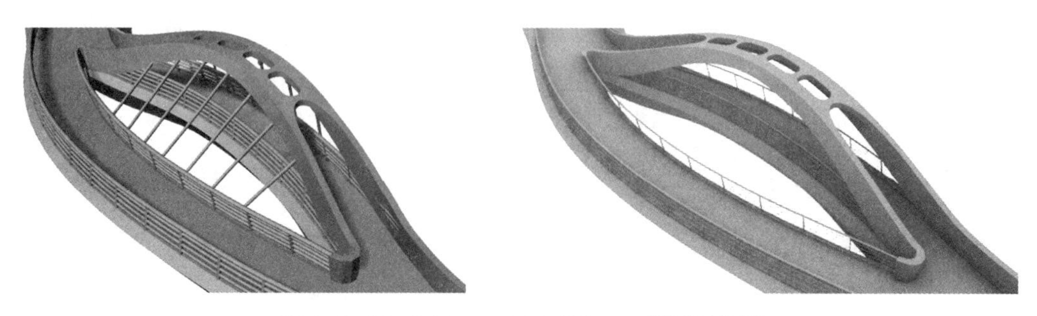

图 4-3-18　500 mm 与 2 000 mm 模型对比图

表4-3-1　模型比例比选表

模型总尺寸	比例	控制构件尺寸	模型控制尺寸	造价	效果
3 640 mm	1/27.5	栏杆细管22 mm	0.8 mm	30 000	100% 还原
2 000 mm	1/50	拉索40 mm	0.8 mm	15 000	一定比例还原
500 mm	1/200	栏杆扶手 116 mm × 2	1 mm	5 000	部分比例还原
200 mm	1/500	拱肋500 mm	1 mm	2 000	栏杆成板，比例失真

通过打印素模打磨掉多余支撑以及上底色、上主体色等一系列流程，实现天桥整体模型的精细化打印。

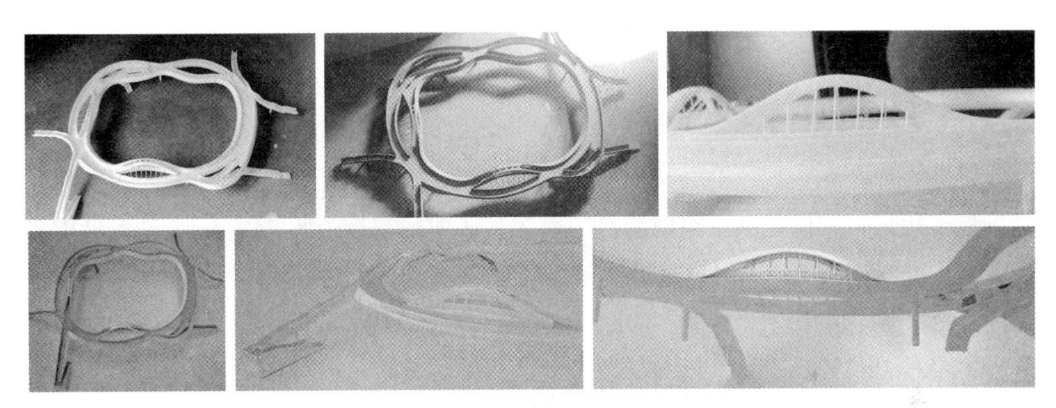

图 4-3-19　3D 精细化打印细节展示

四、总结

万达天桥是目前山东省规模最大的环形天桥。BIM 正向设计：BIM 技术核心对异形景观桥梁设计起到了主导作用，大量异形结构非二维设计手法可实现。省时省料：三维设计降低了沟通成本，设计施工更高效，省时三倍之多；SigmaNEST 系统减少用钢量超 10%。3D 精细化打印，首次实现景观天桥 3D 精细化打印，便于直观展示设计成果。

第五章

««« BIM 技术在城市高架路中的应用

第一节　BIM技术在新机场高速连接线工程中的正向应用

一、项目概况

新机场高速连接线工程西起青兰高速双埠收费站，东至青银高速，全长约 9.8 km，是青岛市规划“六横九纵”路网的一“横”。该项目总投资约 74 亿元，是青岛市有史以来投资规模最大，同时也是沿线条件最复杂、实施难度最大、工艺和技术要求最高的市政道路交通项目。

二、项目难点和BIM应用的必要性

1. 项目决策复杂，汇报任务重，设计周期短

项目决策复杂，汇报任务重，设计周期短，需要多专业并行开展设计。作为青岛胶东新机场转场最重要的快速保障通道之一，项目建设迫在眉睫，设计周期（初设 + 施工图）总计 70 天。同时，由于项目总投资高、拆迁影响大、项目建管模式新颖，多种因素致使项目决策复杂，汇报任务重。该项目需基于 BIM 技术及倾斜摄影，实现密集的对外展示、汇报及多专业协同设计，科学制订总体计划及项目拆迁范围。

2. 设计、施工制约因素多

工程沿线须穿越既有高速铁路、在建和规划地铁、水源地保护区、机场限高区等重点区域并与青银高速采用立交相接，项目建设条件复杂、实施难度大。必要性：需结合 BIM 技术整合所有外部环境和控制因素，直观体现控制性因素及其相互关系，充分论证方案的可行性。

3. 涉铁节点施工风险高，工期不可控

涉铁节点为国内跨径最大的钢箱梁 T 构转体桥，且同时在两条营运的国家干线高铁两侧及下方施工，施工难度大、施工风险高、工期不可控。需针对涉铁节点开展施工模拟，对天窗点施工组织、场区机械站位、铁路安全净空等进行模拟，有效控制工程施工风险及工期。

4. 预制装配式桥梁担负着后期的应用与推广

项目为青岛第一个大规模采用预制装配式桥梁的市政项目，如何借助本项目实现预制装配式桥梁的外观改良、提升，并实现预制装配式在全市市政桥梁行业的推广，需借助 BIM 技术，通过模型展示、优化预制装配式桥梁外观，解决建设单位担忧，并解决预制装配的精细化生产和管理问题，助力预制装配式桥梁在全市的推广。

5. 后期管理要求高

高架系统为快速路 + 高速模式，地面辅路为 228 国道，车速快、交通量大、大型车比例高，后期管理要求高。需借助 BIM 模型进行平纵组合优化，开展 Vissim、虚拟驾驶等各类仿真模拟，实现工程设计、建设与后期管理统一。

6. 项目用地红线受限，现状管线复杂。

现状道路管网密集且部分管线迁改难度大，桥梁墩柱布置与管线迁改方案相互影响，受红线宽度限制，需要深化研究桥梁墩柱与管线布设方案位置关系，以求前期明确工程整体征迁范围及投资体量。需借助 BIM 技术统筹考虑道路、高架桥与管线之间的相互关系，实现专业间立体衔接，实时优化方案。

三、方案设计阶段BIM技术的应用

基于倾斜摄影，实现现状与规划的融合，直观展现工程方案与现状构筑物的关系。该工程位于流亭机场限高区内，航拍受限，在开展机场要点航拍的同时同步开展倾斜摄影拍摄，共完成约 5 km^2 的倾斜摄影。

BIM 模型与倾斜摄影融合，直观展现工程方案与现状厂区、场地、道路、铁路等构筑物的关系，使甲方、审批单位更好地了解、认知工程总体方案，便于甲方决策。

基于模型与倾斜摄影结合，精确把握拆迁范围，项目总拆迁面积约 40×10^4 m^2，降低至不足 30×10^4 m^2，拆迁面积降低约 40%。

图 5-1-1　基于倾斜摄影与规划方案的融合

（1）基于 BIM 成果，实现对高速及快速衔接交通组织的可视化汇报，取得了良好的汇报效果。

（2）利用BIM成果，进行总体方案平、纵线形设计，复核道路净空，实现限界检查。

（3）结合 BIM 模型，进行 Vissim 仿真比选，优化高架车道数布置，实现最佳投资效益。对于东段主线，采用交通仿真软件 Vissim 进行仿真，双六车道方案与双八车道方案进行相比，高架主线旅行时间及延误时间相差较小，快速路服务水平均为 C 级；综合比选仿真数据结果及经济效益指标，双向六车道方案具有较高性价比。

（4）实现桥梁外观方案可视化比选，便于决策。由专业设计人员直接进行桥梁上下部模型创建，不仅能保证模型准确度，也能加深设计人员对方案的把控能力。模型导出后进行简单的后期处理，即可满足汇报、决策需要。

（5）利用鸿业管立得识别物探资料，快速建立大范围的管线模型。

图 5-1-2　桥梁外观方案可视化比选

（6）与测绘单位沟通，确定识别规则，形成物探资料标准格式及对应的转换规则，效率提升 50%。

（7）基于鸿城平台实现协同设计。合理确定桥梁墩柱布置及管线迁改方案。通过对沿线现状管线建模，在桥墩布置时合理避让不能迁改的重要管线；管线专业根据桥墩位置确定管线迁改的最优方案，两个专业之间通过鸿城平台开展协同设计，既提升了工作效率，同时也降低了工程施工的不确定性。

通过多专业协同设计及合模，实现全线、全专业、全元素的虚拟仿真漫游。通过漫游，查看专业之间协同设计成果，检查各专业相关设施的完整性、合理性。

实现 BIM 模型轻量化汇报及网页、移动端设备的随时随地浏览。基于鸿城 CIM 集成平台，进行整个项目全线的展示汇报，更加直观生动地展现总体方案与设计前后的关系、总体方案与周边环境的关系，协助技术人员和非技术人员之间进行更好的沟通，提升汇报沟通质量。同时，将鸿城模型无损上传到平台，且进行轻量化处理，可在网页及移动端设备上实现模型的浏览查看。

图 5-1-3　鸿城平台移动端模型的浏览

四、施工图设计阶段BIM技术应用

1. 道路工程中 BIM 技术的应用

（1）开展道路平、纵组合设计优化，全面提升快速路交通运行安全。

该项目为青岛市首条设计车速为 100 km/h 的快速路且不限制大型车辆通行，道路线形指标要求高。利用软件的驾驶模拟功能，实现快速路平面、竖向线形的动态优化设计调整，进行平纵线形组合，提高快速路的行车安全性及舒适性。

（2）对全线超高、交叉口平面布置及竖向等细部节点开展深化设计。

（3）结合三维地质分段建模，细化道路断面、路基、路面及附属结构，实现模型精细化构建及工程量快速统计。

该项目车行道共涉及 50 余种道路断面形式，通过对道路断面及详细多类路面结构的详细定义（包括快速路 + 主干路 + 支路等多类路面结构），实现工程量快速统计。

对不同地质段路基处理范围及处理深度进行建模，实现路基处理工程量一键统计，快速完成路基工程量计算。

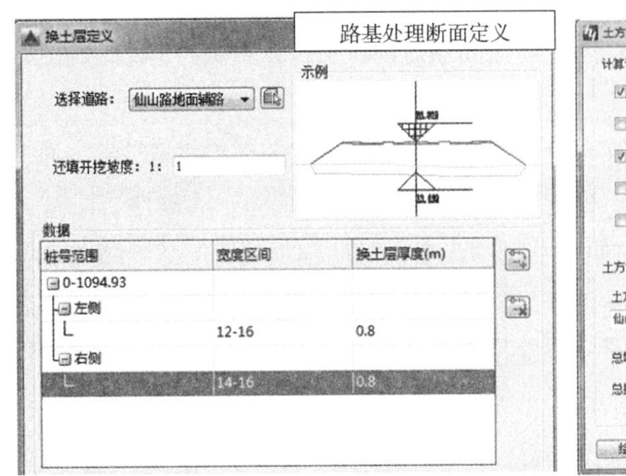

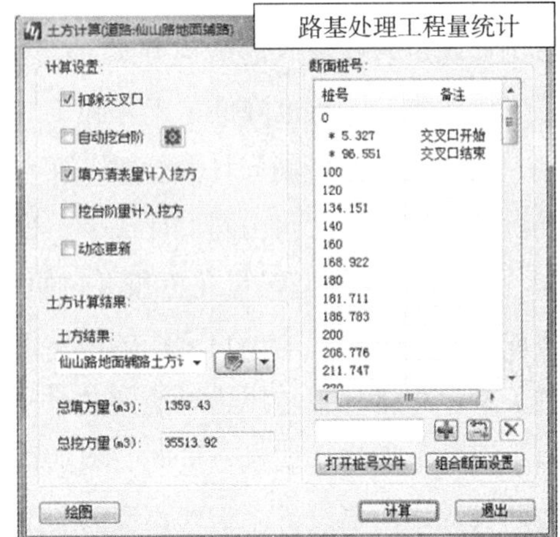

图 5-1-4　路基处理工程量统计

（4）针对道路细部节点开展精细化设计，实现细部节点的全方位比选与展示。

基于前期建立的模型，对道路细部节点进行精细化建模，如复杂路口、中分带端头二次过街、无障碍设施等节点，模型精度能够满足指导现场施工的要求。

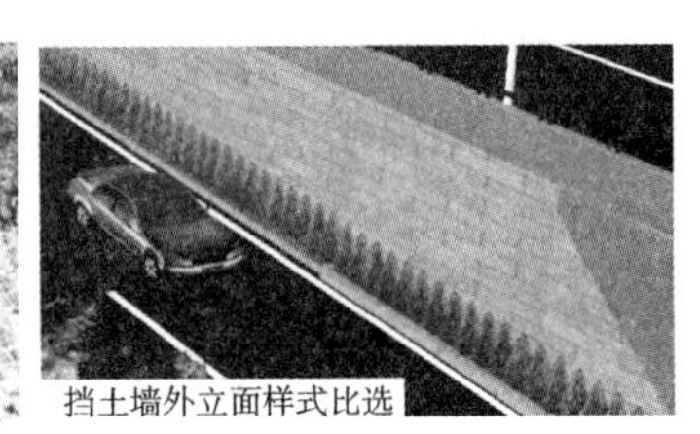

图 5-1-5　细部节点精细化建模

2. 交通工程中 BIM 技术的应用

（1）借助 BIM 技术实现多杆合一。本着节约投资、提升道路各类设施空间利用率的原则，对沿线各类设施进行统一整合。本工程合杆杆件共分六大类，37 小类；通过多专业可视化校审工作，合并后的交通杆件数量为 166 件，较合杆前的 465 件减少 299 件，杆件投资减少约 650 万元，同时净化了道路视觉空间。将整合后模型同步用于可视化施工交底，大幅提升了交底的准确性及效率。

路灯、信号灯、交通标志和视频监控摄像机合杆

路灯、电子警察和分道指示牌合杆

图 5-1-6　交通设施多杆合一

（2）首次实现异型交通杆件 3D 打印并导入计算软件 Ansys，实现快速、准确计算。Revit 合杆模型与 3D 打印相结合，实现 1∶10 实体模型的快速打印及直观展示，取得了建设单位的一致好评及对杆件合杆的认可。Revit 合杆模型导出 .sat 格式，导入 Ansys 进行快速分析、计算。

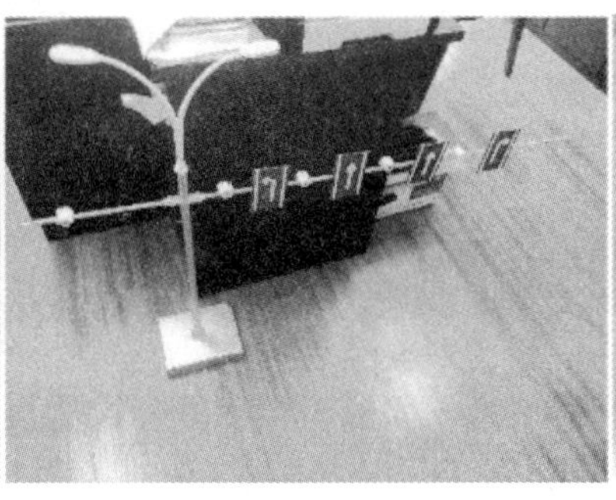

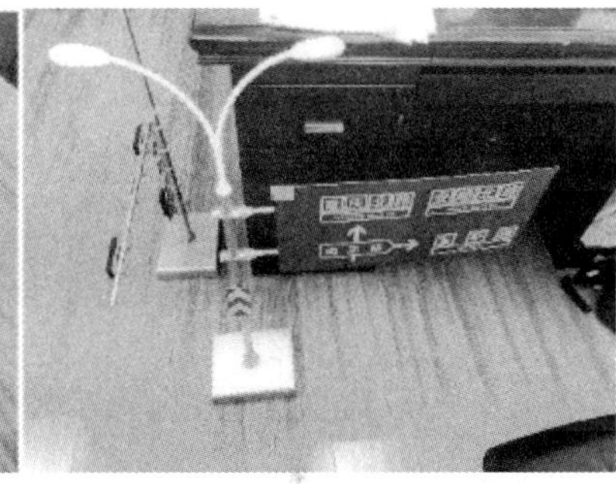

图 5-1-7　交通设施 3D 打印

（3）开展交通轨迹模拟，合理布置交通流线。地面辅路为国道且穿越工业区，大型车辆比例较高，通过 BIM 技术模拟大型车辆多车道左转，合理布置交通流线，保证路口交通安全及通行效率。

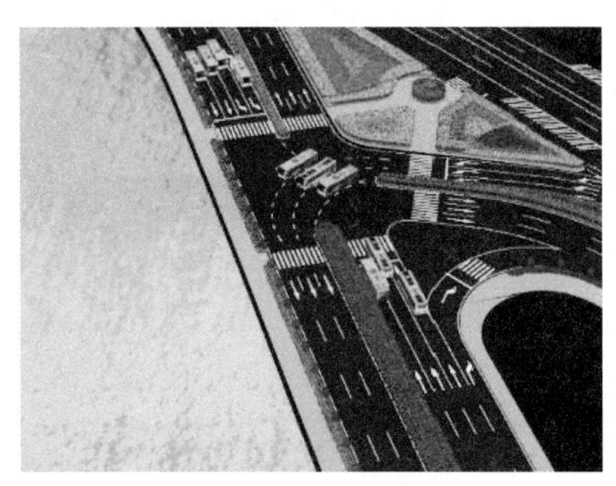

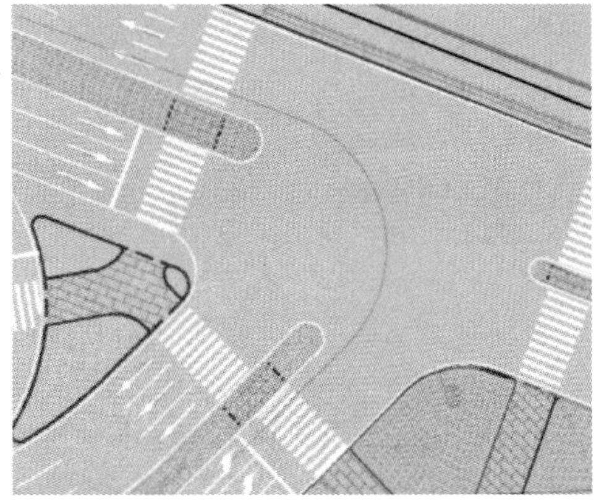

图 5-1-8　交通运行轨迹线模拟

3. 桥梁工程中 BIM 技术的应用

（1）实现 30 余种桥墩及盖梁正向设计及构造出图。本项目桥墩类型多达 20 余种，形式多样且复杂，通过正向设计创建三维实体桥墩，最终实现构造出图；盖梁类型共计 30 种，通过正向设计创建三维实体盖梁，最终实现构造出图。同时，将模型传导至施工阶段用于桥梁钢制模板的精确加工及模板配置动态优化，保证现浇构件清水混凝土的外观效果。

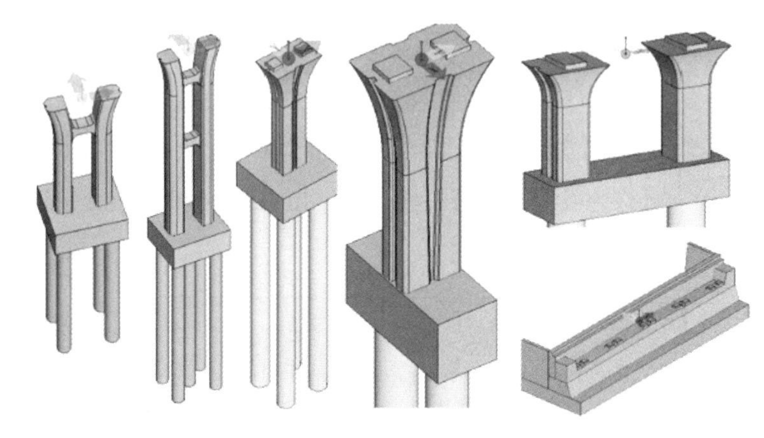

图 5-1-9　桥梁下部结构模型

（2）桥梁上部结构模型创建——钢混叠合梁、整幅小箱梁、分幅小箱梁、变截面连续梁创建钢混叠合梁、整幅小箱梁、分幅小箱梁、变截面连续梁模型，校验误差并快速统计工程量。

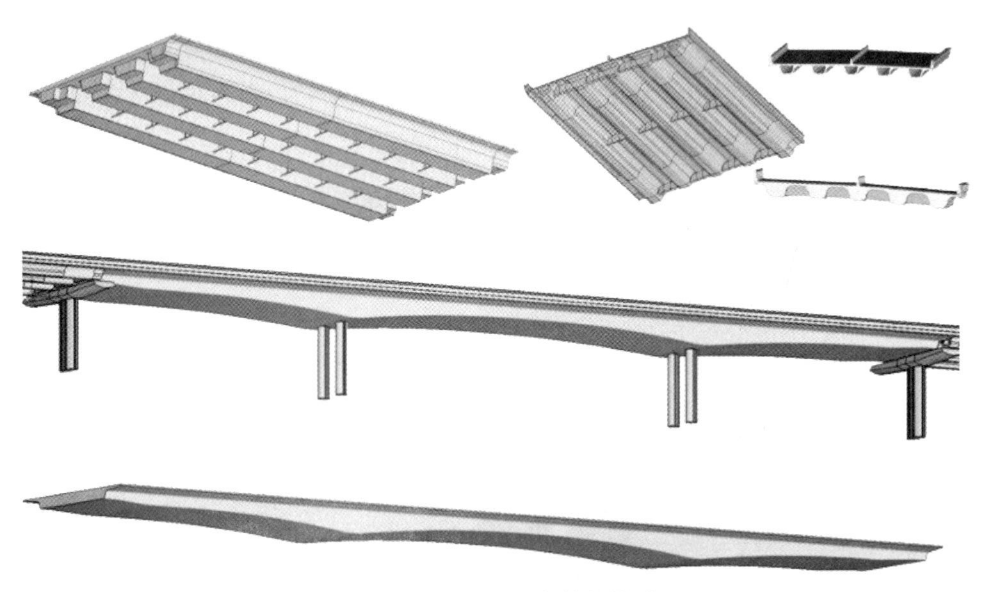

图 5-1-10　桥梁上部结构模型

（3）实现模型计算一体化，大幅提高了设计效率。运用模型一键导入结构计算软件进行计算。

（4）精确表达机场净空与桥梁结构的三维曲面关系，提高了与航空监管局的对接协调效率，实现了施工计划的统筹安排。

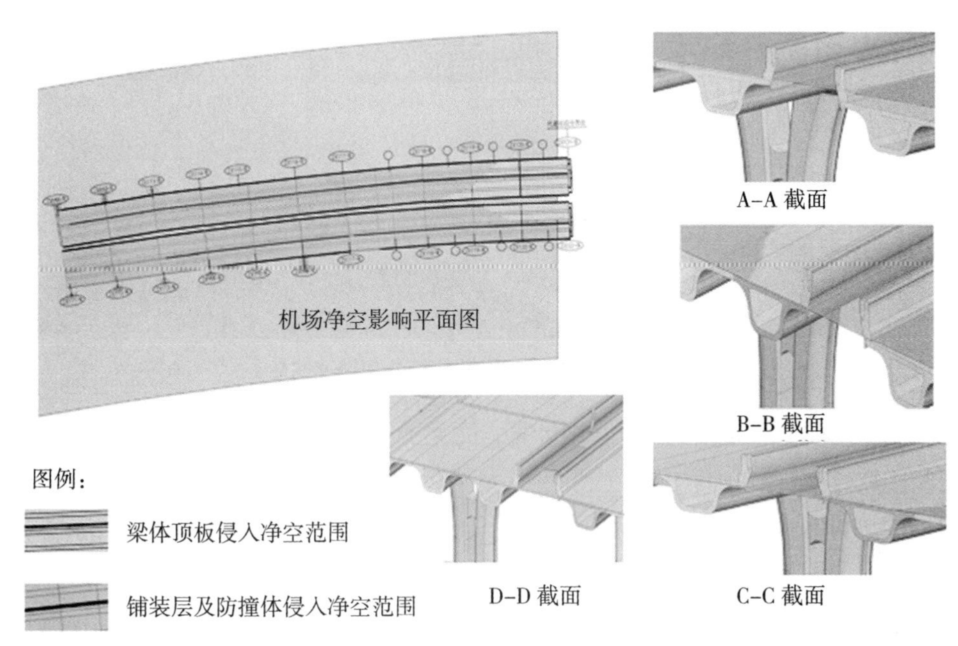

图 5-1-11　净空与桥梁结构的三维曲面关系

4. 管线工程中 BIM 技术的应用

（1）基于管线三维模型，通过鸿城平台，直观展示管线与桥墩、道路的关系，动态优化设计。

（2）借助 BIM 技术在有限空间内优化管线布置，避让无法拆迁的建筑，降低工程实施难度。

5. 基于 BIM 精细化建模，突破景观专业设计壁垒

（1）进一步完善了景观专业模型族库实现了景观工程快速模型，通过与其他专业合模实现建成后全专业、全元素显示，所见即所得，大幅提高设计效率。

（2）景观设计模式由常规的二维出图 + 施工期汇报升级成为 BIM 实景模型 + 二维平面图计量 + 施工期按模型施工，提高了景观设计全过程工作效率。

6. 基于 BIM 技术实现超大曲面景观雕塑的突破

（1）路口节点景观专项。黑龙江路口雕塑，长 120 m，宽 27 m，高 30 m，离地高度约 15 m，为青岛市规模最大的雕塑，未来将成为胶东机场进出市区的标志性构

筑物。

（2）采用犀牛软件建模。实现异形复杂曲面模型快速构建，并实现可视化汇报、展示。

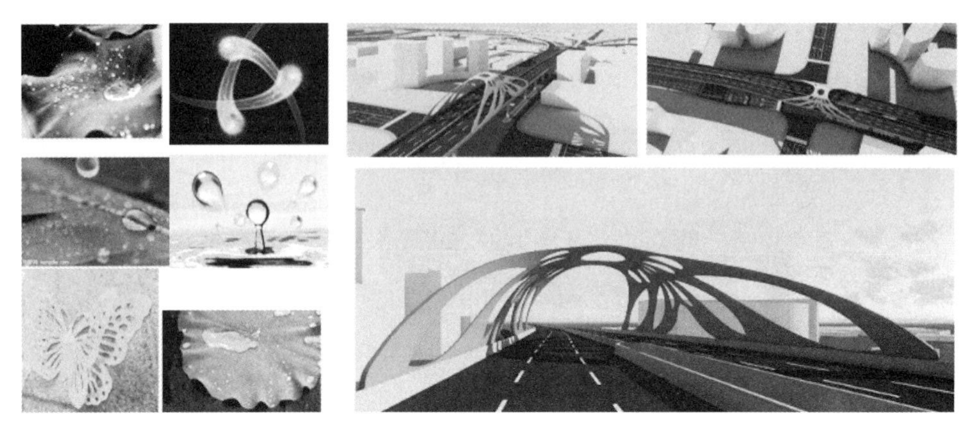

图 5-1-12　犀牛软件的复杂曲面快速构建

（3）建成模型后导入 Midas 开展计算，简化了原有设计流程，降低工作复杂程度，提高了计算效率。

（4）导入鸿城模型，实现多专业合模。实现异形复杂曲面模型快速构建，并实现可视化展示。

7. 基于多专业合模，优化路灯杆件布置及外观

基于 BIM 模型各专业协同设计，整合优化设施杆件，减少杆件数量和节约工程造价，净化道路视觉空间。同时，结合合模成果、依据现场景观效果，合理选择路灯样式。

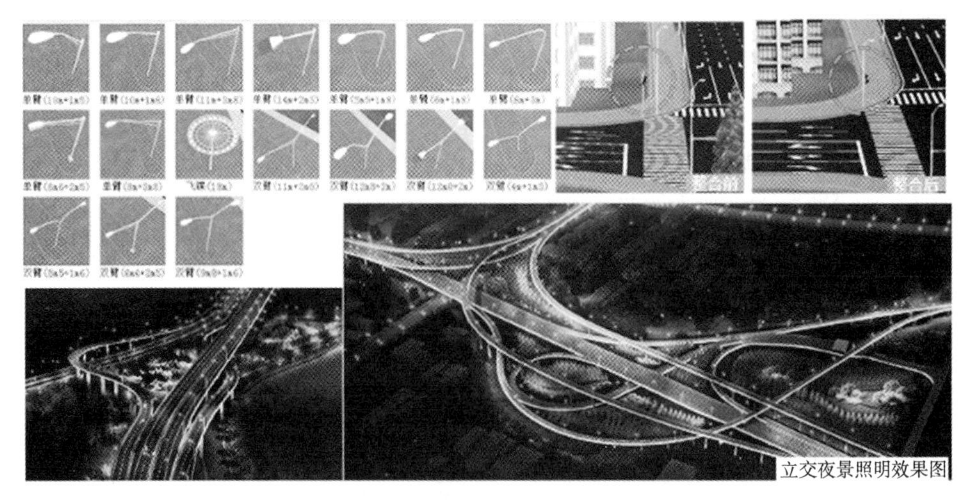

图 5-1-13　路灯杆件布置与景观效果

8. 开展施工模拟，有效控制涉铁施工风险

涉铁节点为国内跨径最大的钢箱梁 T 构转体桥，且同时在营运高铁线两侧及下方施工，施工难度大、施工风险高。路局要求开展施工阶段 BIM 模拟，对天窗点施工组织、场区机械站位、铁路安全净空等进行模拟，以有效控制施工风险及缩短施工工期。

9. 实现 BIM 技术与施工图正向设计出图一体化

根据 BIM 技术正向设计成果，实现三维校审、二维出图，提升设计效率。将深化设计 BIM 模型提交给校核、专业负责人，对成果进行校核复核，验证数据是否准确。根据 BIM 模型校审后调整结果，基于 BIM 模型完成二维出图。

10. 开展三维可视化施工设计交底

采用二维施工图 + 三维 BIM 可视化模型，双控指标完成施工图设计交底，交底内容更形象，表达更清晰。利用 BIM 可视化强的特点进行施工交底，取代以往技术员抽象的描述以及难懂的施工图纸，让交底内容更加形象，表达更加清晰，工人更容易接受和掌握。基于 BIM 可视化设计交底的方式，可以向业主、施工单位、监理直观展示施工图设计意图。

五、BIM技术创新与拓展应用

1. 基于模型及倾斜摄影实现项目大场景展示

基于本项目前期完成的 BIM 三维动态可视化展示与汇报，得到市、区级政府的好评，为项目的快速推进及准确决策奠定了基础。同时，工程拆迁得到了有效控制，项目投资得到最大程度的利用。

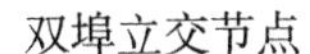

图 5-1-14　项目大场景展示

2. 首次实现 BIM 模型与效果图、3D 动画的深度结合

鸿业 BIM 模型建模速度快、精度高，模型可以传至下一阶段，但是展示效果一般。效果图、3D 动画的展示效果好，但是需提前采用 3Dmax 建模，建模速度慢、精度差，模型后续利用率差。采用鸿业快速建模，格式转换后导入 3Dmax 实现精修，最终导

入 PS 或 Lumion 中实现效果图及动画制作，大幅提高了 3D 动画的制作效率及展示精度。

图 5-1-15　模型与效果图　制作软件的结合

3. 助力桥梁预制装配技术及清水混凝土技术的推广

（1）优化了小箱梁外观造型并解决了预制装配的精细化生产问题。

（2）实现曲线钢制模板的精确加工及模板的最优配置，保证了清水混凝土现浇构件外观效果。

4. 开展复杂节点施工模拟，有效控制施工风险及工期

项目复杂节点，尤其是涉铁节点开展施工阶段 BIM 模拟，对天窗点施工组织、场区机械站位、铁路安全净空等进行模拟，以求有效控制施工风险及缩短施工工期。

下一步将结合项目争创鲁班奖的契机，依据设计模型统筹搭建 BIM 施工平台，结合模型开展施工模拟及工程管理，真正实现 BIM 数据互联互通。

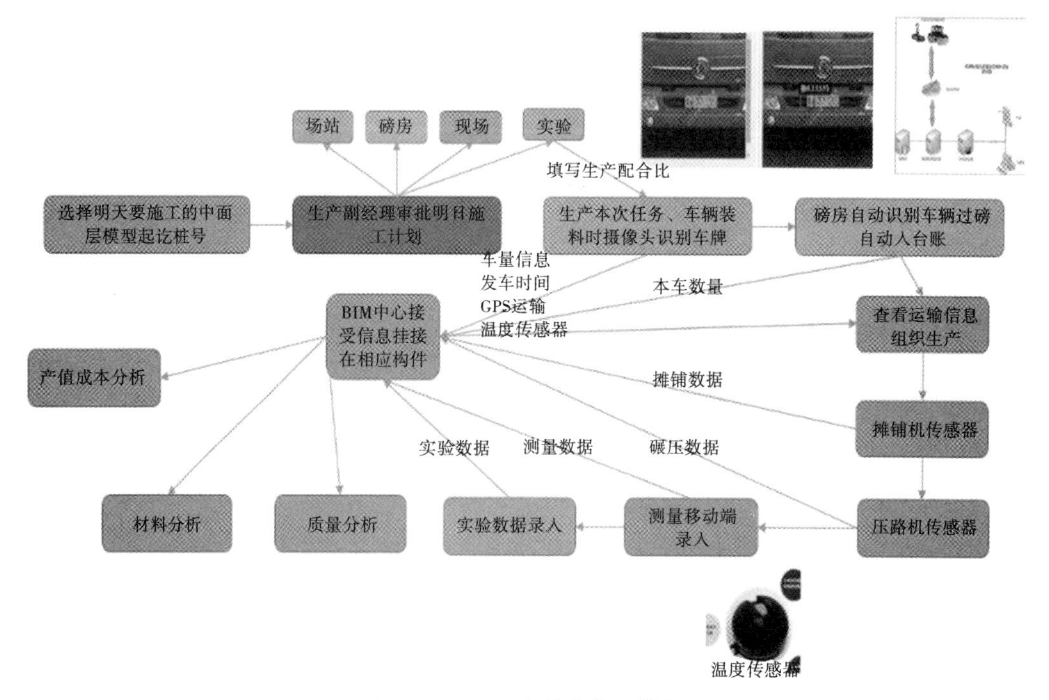

图 5-1-16　复杂节点施工模拟

第二节　BIM在杭鞍快速路二期工程中的应用

一、项目概况

一期工程：杭鞍快速路一期工程建成于 2007 年，为双向六车道整体式高架桥，全长 6.2 km；其中，山东路立交为双跨线立交，规划为互通立交，节点按照规划控制用地。二期工程：自南京路口西侧改造现状跨线桥向东上跨南京路、绍兴路落地，与福辽立交桥相接，全长 1.6 km。

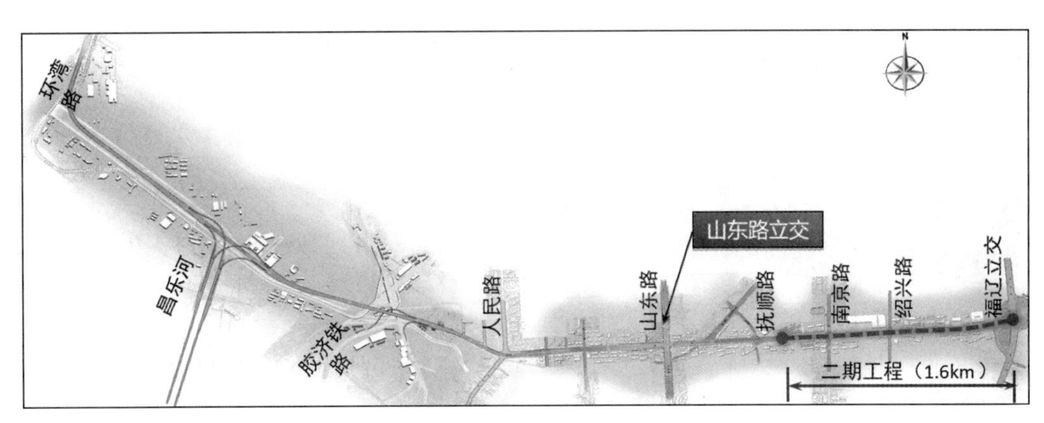

图 5-2-1　项目位置图

二、项目难点

1. 难点一：项目对周边环境及涉及拆迁工作影响大

周边建筑密集，以商住和居住为主，设计过程中需明确工程与建筑空间位置关系，确定征迁影响范围；解决方式：本工程采用三维无人机航拍技术，对工程沿线实景建筑进行调查摸底，结合 BIM 模型、鸿业日照采光 BIM 软件模拟和环境影响评价结论，为项目环境分析和征地拆迁提供依据。

2. 难点二：快速路高架与地铁车站（区间）同步建设，设计难度大

地铁 4 号线与辽阳路线位重合，地铁 3 号线与 4 号线在错埠岭站换乘。4 号线车站主体位于辽阳西路下方，呈东西向布置；3 号线车站已建成，覆土 6 m，深度较浅，是方案设计的主要制约因素。解决方式：利用 BIM 技术快速实现高架三维建模，动

态展示桥下净空以及桥梁工程与地铁关系等整体效果，合理确定地铁与高架桥桥墩之间的平面、竖向距离。

3. 难点三：地下管线复杂，快速路施工期间，实施难度较大

工程涉及的给水、热力与规划地道竖向冲突，需绕开车站进行迁改；下穿给水、热力管道敷设较深，弯头较多，水损较大，实施难度较高；工程沿线横穿过路管道较多，开挖施工期间迁改难度较大；施工期间，管迁、调流难度极大。解决方式：利用BIM技术建立施工期间管线迁改模型，模拟现场施工组织，通过碰撞检查，动态调整迁改方案，避免施工期间的返工，节约工期和投资。

4. 难点四：工程涉及现状桥与新建桥的衔接，设计难度大

解决方式：在设计前期中，通过利用BIM技术对不同方案桥梁建立BIM模型，优化比选工程竖向及结构形式，确定最佳设计方案；利用BIM技术对设计方案模拟衔接段现场施工，确定最佳施工方案和施工组织。

三、BIM技术应用

1. 主要应用软件

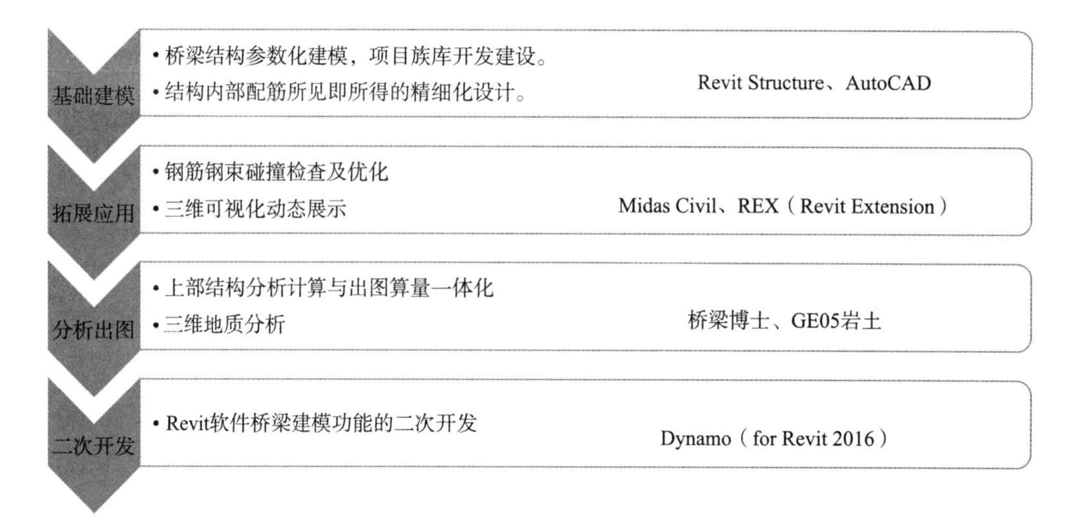

图5-2-2　桥梁工程BIM建模软件

道路、交通工程BIM建模：鸿业路立得5.0、交通设施3.1。管线工程BIM建模：鸿业管立得11.0。

2. 技术路线

（1）场地勘察阶段。BIM数据建立：利用卫星图片、无人机航拍技术和测绘地形等数据，建立基于实测数据的三维建模分析，同步建立三维地质模型。BIM技术应用：

基于无人机航拍技术，实现 BIM 方案现状可视化；基于地质资料，完成地质剖切分析；实现土石方比例计算。

（2）方案设计阶段。BIM 数据建立：现状场景建筑数据转化为 BIM 数据模型；完成三维实景建模，桥梁方案模型，道路方案模型，交通模型，景观、路灯及其他附属设施模型。BIM 技术应用：实现道路方案快速设计，实现桥梁方案快速设计，实现管线排水方案设计，完成三维动态方案汇报。

（3）深化设计阶段。BIM 数据建立：深化三维道路设计模型；桥梁结构及配筋设计；附属工程详细模型数据。BIM 技术应用：实现设计和模型校对；桥梁、管线碰撞检测和设计优化；三维地质数值模拟；道路、桥梁景观、交通等专业工程量提量和出图；施工过程中的三维施工模拟。

（4）综合技术提升。基于前期 BIM 模型成果，实现快速路工程桥梁、道路、路灯和景观等专业族库建立和 BIM 模型标准化。

3. 无人机航拍及三维地形建模

基于航拍成果，实时动态查看工程沿线现状；将地形数据直接转化为三维成果，检查不同断面标高，实现道路三维可视化设计。

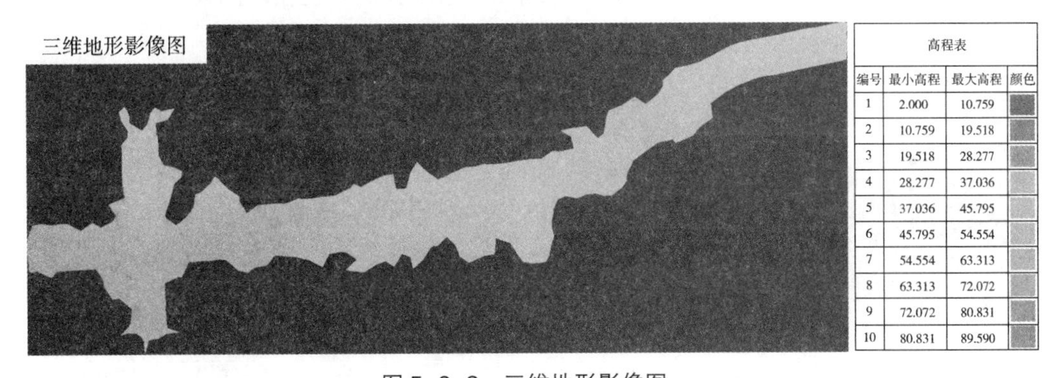

高程表

编号	最小高程	最大高程	颜色
1	2.000	10.759	
2	10.759	19.518	
3	19.518	28.277	
4	28.277	37.036	
5	37.036	45.795	
6	45.795	54.554	
7	54.554	63.313	
8	63.313	72.072	
9	72.072	80.831	
10	80.831	89.590	

图 5–2–3　三维地形影像图

4. 三维地质建模

可实现地质分层的三维可视化，相对精确地提取任意点地质数据、任意线地质剖面；可对地质情况快捷分析计算，形成成套有机融合且可不断更新的数据库平台，场区相关项目均可贡献数据和获取信息。

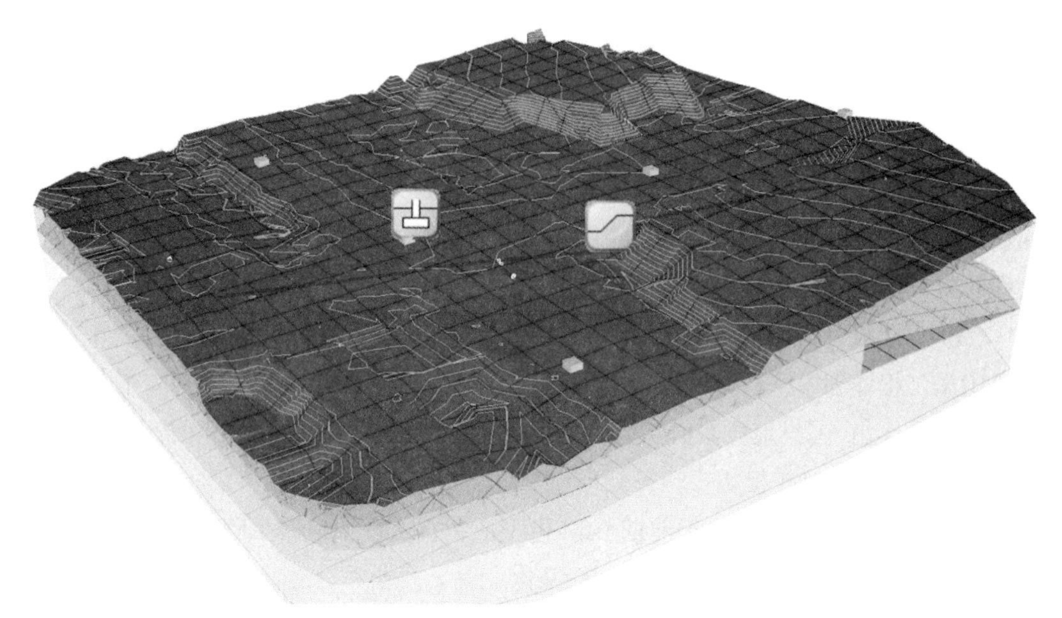

图 5-2-4　区域三维地质模型

5. 总体方案快速设计与调整

本工程实现了道路、桥梁、路灯、管线和交通工程的可视化协同设计，实时动态调整设计参数，提高出图效率，实现了工程的一次成型。

图 5-2-5　各工程可视化设计

利用 BIM 已建成的高架和地道两种方案模型，可快速直接生成平面渲染图，用于方案汇报。

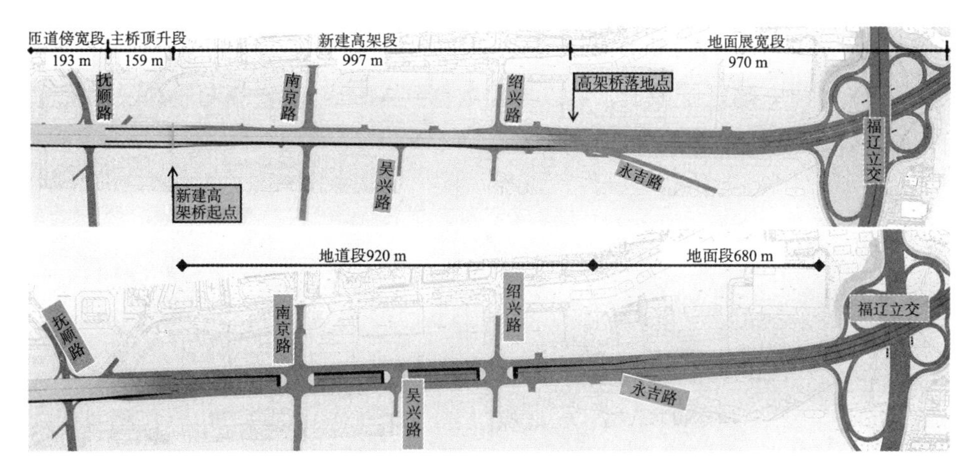

图 5-2-6　平面渲染图

6. 总体竖向方案比选

利用鸿业路立得 5.0 三维设计软件，实现数据三维模型可视化管理，根据三维模型视距，动态调整优化设计纵断。

图 5-2-7　方案比选图

7. 结构内部配筋精细化设计

通过构建三维建模、配合碰撞检查，提高图纸设计质量，减少工程后期变更。

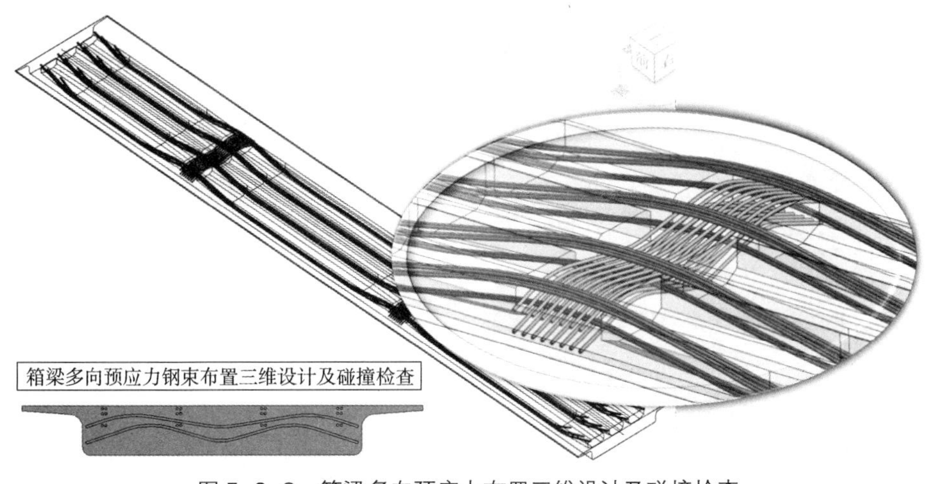

图 5-2-8　箱梁多向预应力布置三维设计及碰撞检查

8. 无缝互导进行结构分析计算

使用 Revit 建立的三维模型，可以导出数据到 Midas Civil 等专业有限元软件进行结构分析计算。

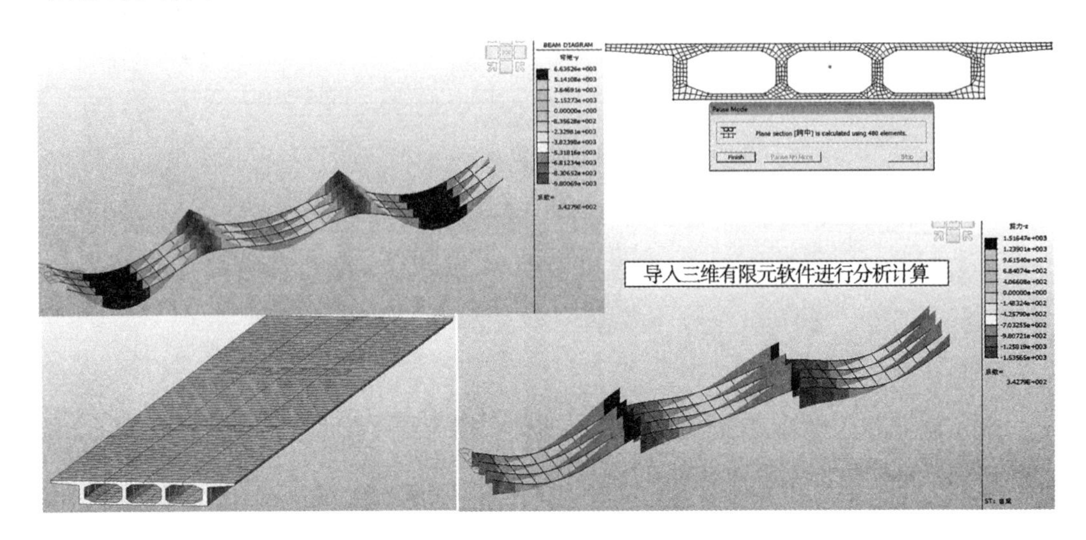

图 5-2-9　结构分析计算

9. 桥梁结构参数化建模

通过在 Revit Structure 2016 中创建参数化桥梁部件族，可以方便快捷地进行修改调整，极大地提高了设计效率和质量。

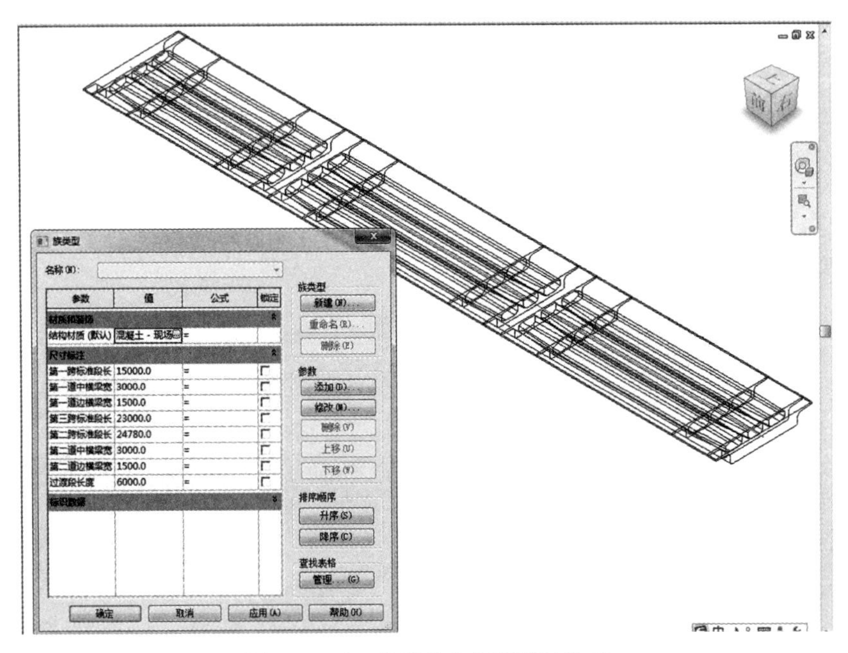

图 5-2-10　参数化上部箱梁结构族

10. 基于 Dynamo 桥梁建模二次开发

通过可视化编程软件 Dynamo 与 Revit 的 API 接口的结合，进行 Revit 软件桥梁建模功能的二次开发。

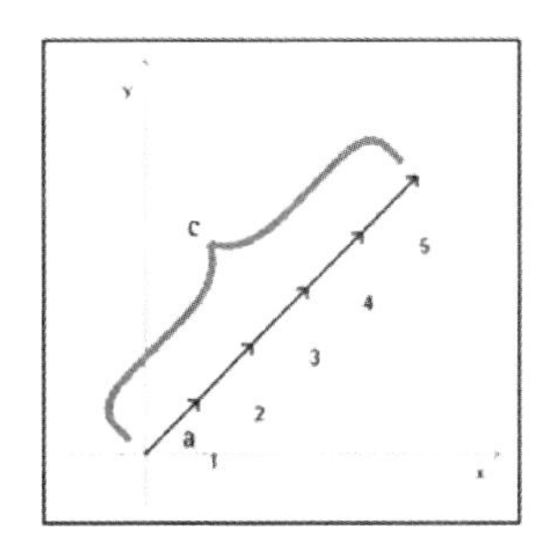

Vector multiplication can be thought of as moving the endpoint of a vector in its own direction by a given scale factor.

```
a = Vector.ByCoordinates(4, 4, 0);

// c has value x = 20, y = 20, z = 0
c = a.Scale(5);
```

Often it's desired when scaling a vector to have the resulting vector's length *exactly* equal to the scaled amount. This is easily achieved by first normalizing a vector, in other words setting the vector's length exactly equal to one.

```
a = Vector.ByCoordinates(1, 2, 3);
a_len = a.Length;

// set the a's length equal to 1.0
b = a.Normalized();
c = b.Scale(5);

// len is equal to 5
len = c.Length;
```

c still points in the same direction as a (1, 2, 3), though now it has length exactly equal to 5.

图 5-2-11　使用 Python 语言进行编程开发

11. 三维管线设计

利用基于 AutoCAD 的管立得 10.5，除可进行传统的直埋布设市政管线外，还可利用综合管廊集中敷设。本工程除需考虑管线之间的关系外，管线与桥桩、地铁的位置关系在 BIM 设计中也得以直观、有效地控制。

图 5-2-12　三维管线设计图

12. 利用 BIM 成果，动态查看交通引导标识系统的连续性

通过使用路立得 5.0、交通设施 3.1 三维可视化软件，实现道路交通协同设计，对道路交通引导系统进行动态实时调整，实现指路系统的连续设计。

图 5-2-13　交通设施可视化

四、BIM技术应用总结

综合实现多种软件的互导互通，充分实践了“BIM 技术是通过一系列数据信息软件的交互来实现”的技术路线及应用理念。

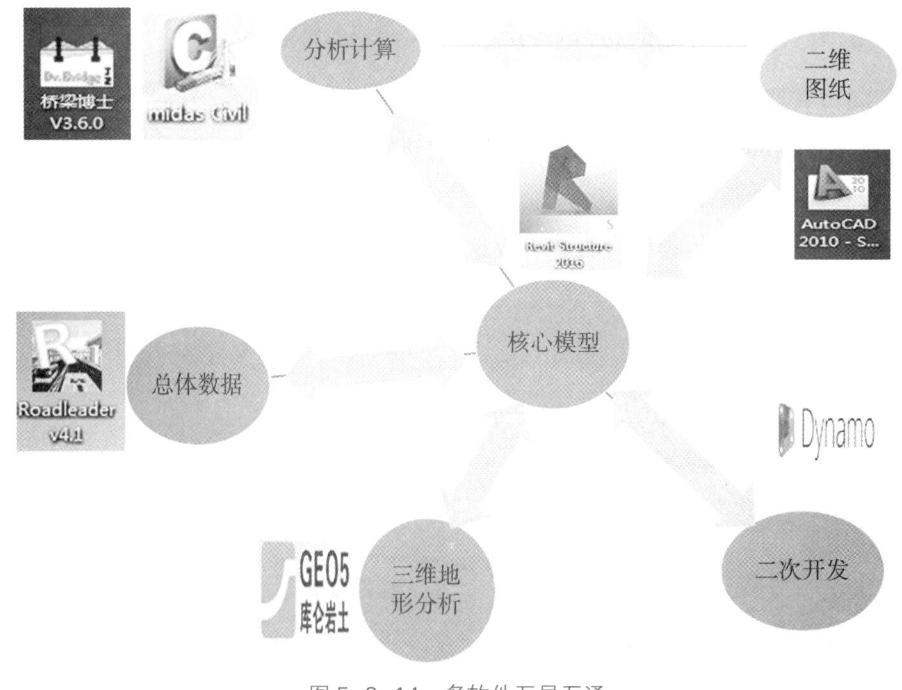

图 5-2-14　多软件互导互通

BIM 技术在建筑行业的运用日趋成熟，并带来了革新性的变化，虽在市政基础设施建设中的应用尚处于起步阶段，但由于该技术可实现道路、桥梁工、交通、管线工程动态三维可视化设计，同时其景观工程效果良好，能够实现三维效果图动画汇报展示，未来 BIM 技术在市政基础设施中的广泛应用是历史的必然。

第六章

BIM 技术在市政基础设施中的应用

第一节　BIM技术在青岛市高新区西一号线综合管廊中的应用

一、项目概况

城市地下综合管廊是指在城市地下建造一个将给排水、电力、通讯、燃气、热力等公用管线集中铺设的隧道空间，并设有专门的检修口、吊装口和监测系统，实施统一规划、统一设计、统一建设和管理。综合管廊能够有效增加城市的空间利用率，是未来市政管线集约化建设的趋势。

规划西 1 号线位于青岛市高新区西片区，是西片区规划路网中的重要一“纵”，规划为城市主干路。本次实施范围南起经二路，北至火炬路，全长约 922 m，规划绿线宽度 75 m，道路东侧为青岛市人民医院。

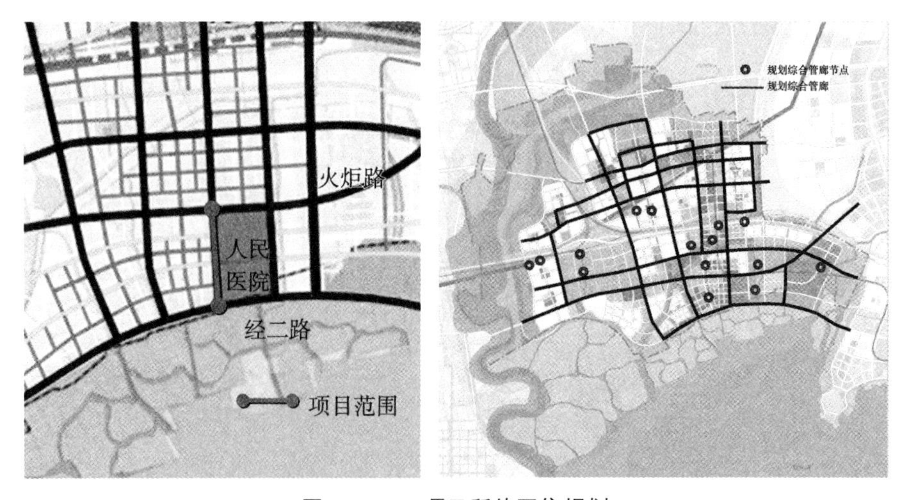

图 6–1–1　项目所处区位规划

规划西 1 号线位于市民健康中心、残疾人康复中心西侧，是一条南北向城市主干路。其建设内容为道路工程、管线工程、综合管廊工程、道路照明工程、景观绿化工程、附属工程等。该项目类型及运作模式：基础设施类，PPP 模式；建设期两年，运营期 20 年。目前，该管廊已于 2019 年 9 月建成，投入运营。

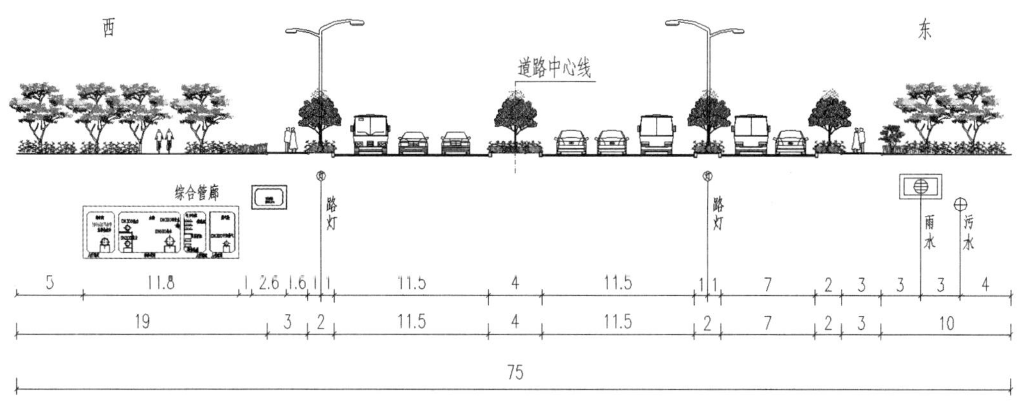

图 6-1-2　道路标准横断面

项目特点：① 施工体量大，管线繁多，结构复杂。② 作为国家试点项目，结合项目实际情况，将全部管线纳入管廊；积极贯彻国务院关于加强地下基础设施建设精神，将电力、通信、给水、热力、再生水及雨污水等所有种类管线均纳入综合管廊，同时考虑检修车通行，并结合建设海绵城市的理念，非雨季充分利用雨水舱作为蓄水池，绿色节水。其布置形式灵活，布置在西侧绿化带，便于孔口布置及管线出线。

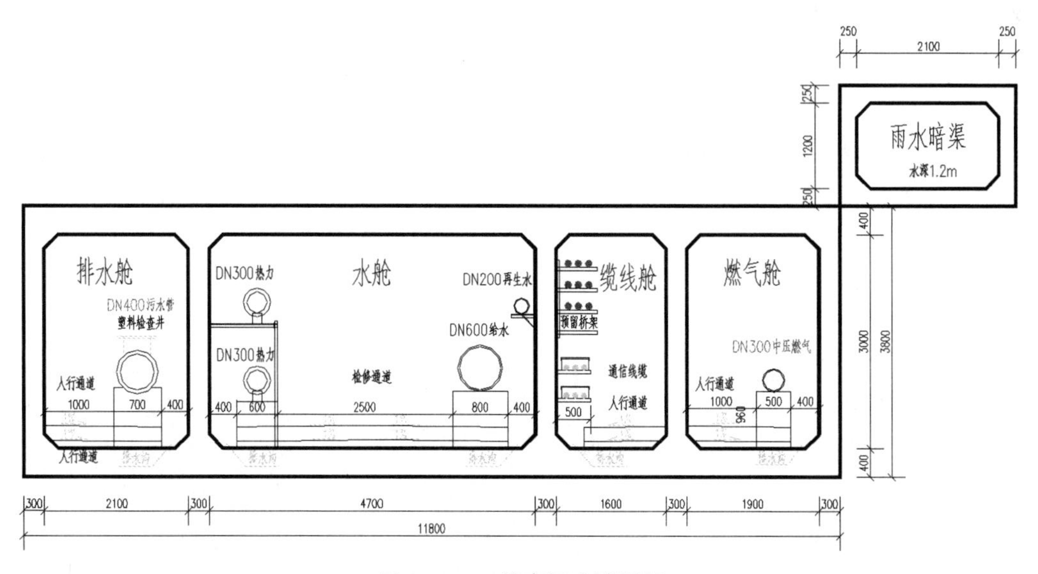

图 6-1-3　管廊标准横断面

项目 BIM 应用需求分析：由于工程需要方案表达的直观化，立体化，施工图设计的系统化，合理化，工程量统计的快速化，准确化，因此施工工艺及各构建尺寸的方案拟定需要及时调整。结合 BIM 设计特点利用 BIM 设计，本项目主要应用点如下：① BIM 模型按专业分为不同色系，其编制目的是规范 BIM 模型创建时的配色行为，通过标准颜色的使用，实现对模型中不同功能标注以及相关区域、系统、构件的统一理解。BIM 模型创建和交付均应按此执行，所有 BIM 模型配色采用 RGB 颜色标准。② 建模深度：所有设备模型应保证与现实设备外形基本一致，含管道接口位置；所有管道模型应具备完整的路由，含管道管件、管道附件、管道外保温层或占位空间。

二、项目应用

1. 设计阶段的应用

（1）总体构思。BIM 技术应用于综合管廊的整个设计过程，通过将建筑、结构、设备等设计成果三维化、数据化、参数化，对管廊功能空间及其设备管线实施分析、优化与参数化控制，优化空间、设备等管理。

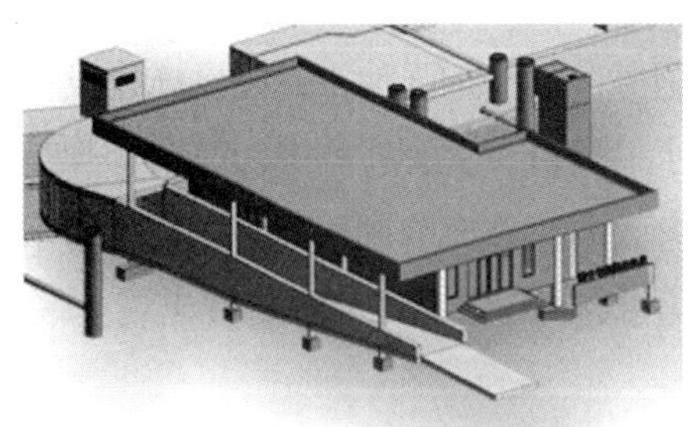
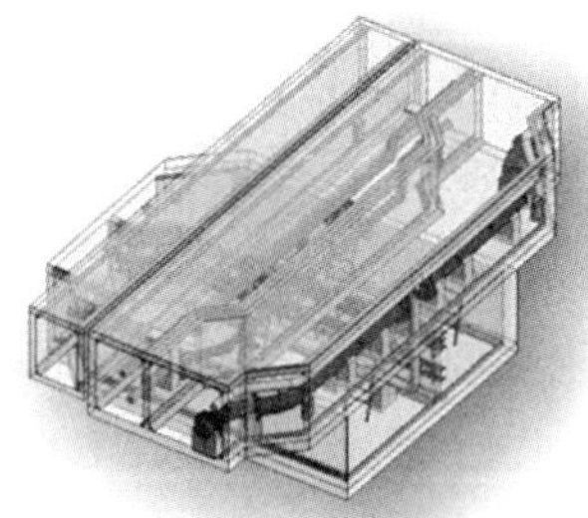
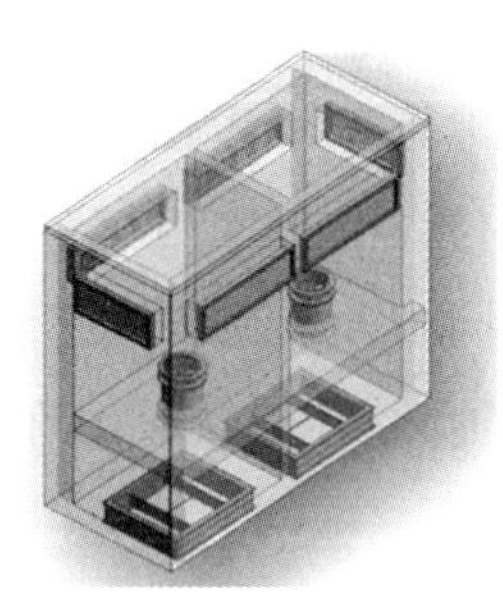

图 6-1-4　监控中心出入口、出线井、通风口及风机模型

（2）设计阶段。对管廊位置、管廊宽度、高度以及各分支管线接口、各种附属的安装口、通风口、监控中心结构设计、人防密闭门、通风设备、应急逃生出口等设计内容进行建模、仿真分析，模拟设计效果，对不同设计方案或设计策略进行对比分析，优化设计方案。

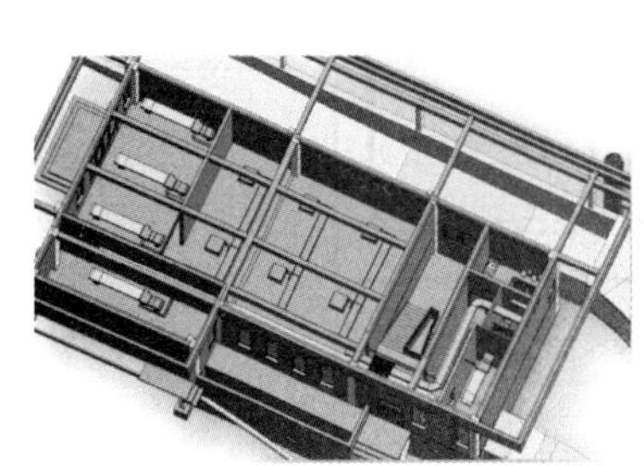

图 6-1-5　监控中心设备及内部管线、真空泵房设备

基于 BIM 模型，应用 BIM 相关软件对各专业的三维模型进行碰撞检查，检查各系统空间布局是否合理，检查结构、机电专业内部及其之间的冲突等。在管线施工前，提出最优的管线排布方案，确定管线的排布走向，标高等；对管廊空间内的管架、支墩的排布进行优化，预留出检修空间及人员通道。最终，减少设计变更，避免实际施工过程中因排布冲突造成的返工成本，提高施工效率。

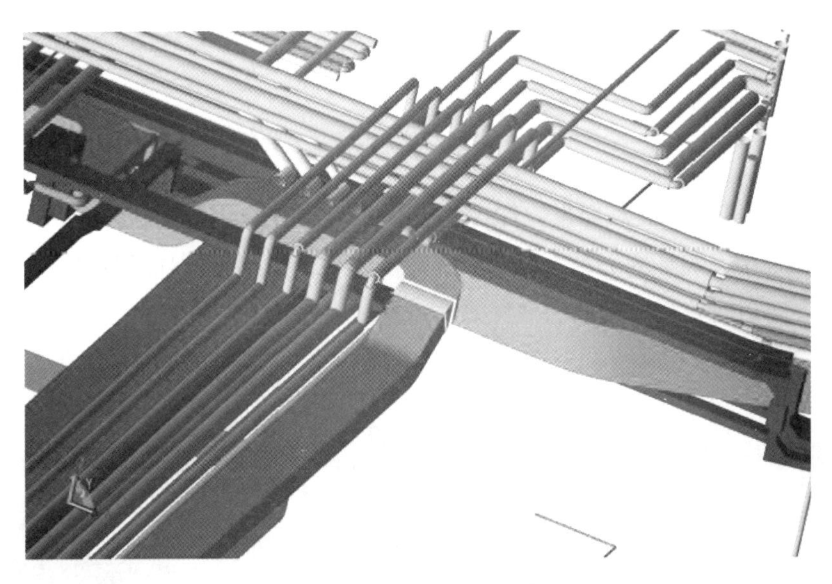

图 6-1-6　管线综合调整

虚拟漫游：通过三维实时漫游软件发现存在的问题，可以直接回到原模型并定位有问题的构件以便于修改。

图 6-1-7　漫游模拟

结合设计单位主编的《山东省城市地下综合管廊工程设计规范》和《中国市政设计行业 BIM 指南》等相关设计标准，建立相应的模型标准库。

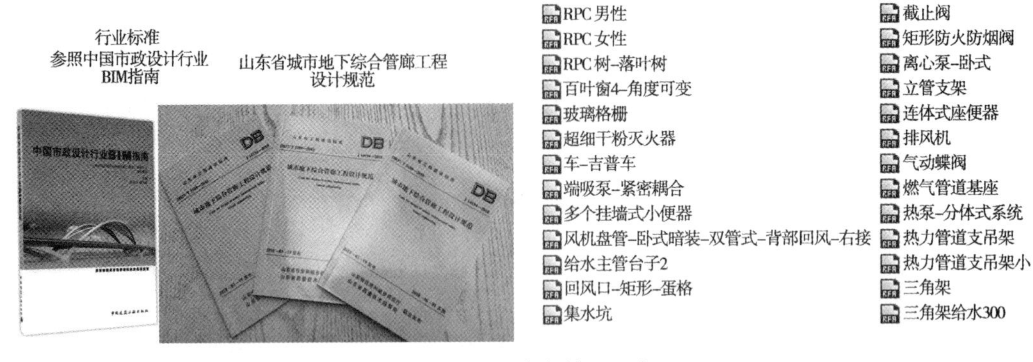

图 6–1–8　族库管理示意

结构专业利用 Revit 和犀牛软件线性辅助作为 BIM 应用的基础软件，模型通过插件导入 Midas 中，验证内力计算，调整方案设计。结构专业，对模型根据计算配置结构钢筋的，可以直观反应钢筋的“打架”问题。

图 6–1–9　构件深化建模示意

基于 BIM 技术，实时、准确地提供所需的各种工程量信息，快速生成相关数据统计表。施工中预算超支现象十分普遍，缺乏可靠的基础数据是造成超支的重要原因。BIM 模型本身就是一个富含建筑构件工程信息的数据库，借助这些信息，可以快速做出成本核算。通过明细表功能直接导出工程量，在 Excel 中编辑。

根据施工设计建立施工 BIM 三维模型，并在模型中标注相关的技术参数；制作施工方案交底资料；将施工 BIM 三维模型通过可视化设备放置在交流屏幕上；设计人员通过交流屏幕分解施工 BIM 三维模型讲解各项技术参数，对施工人员进行技术交底；施工人员通过技术交底反馈意见。该流程的优点是：直观、快捷，提高施工效率；使施工人员了解施工步骤和各项施工要求，确保施工质量。

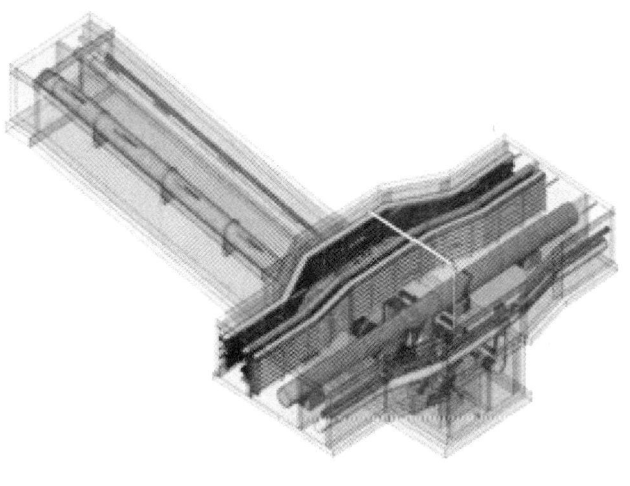

图 6–1–10　可视化施工交底

2. 施工阶段的应用

（1）施工安装模拟。运用 BIM 技术进行直观的、可视化的施工过程模拟，进行施工工艺的比较和选择。对于特殊部位或特殊构件的施工，可以采用 BIM 技术进行多种施工方案的模拟，通过动态的施工过程模拟，比较多种方案的可实现性，为施工方案的择优选择提供依据。

图 6–1–11　施工安装模拟示意

（2）工期计划安排。通过 4D 模型制作合理的施工计划，制定每月、每周甚至每天的进度计划，确定综合管廊的施工现场的资源和场地占用，在保证工期不延误的同时，进行施工过程的预演，合理安排资源分配，避免施工机械、场地等冲突。另外，还考察了施工方案的可实施性，提前发现并解决了施工时的安全隐患和矛盾冲突，保证了地下施工的质量安全。

（3）移动端模型数据交流及 VR 展示。在设计过程中，利用 FuzorBIM 协同可视化软件，将附带参数化新息模型放置移动端，可随时进行项目评审汇报与检查，电脑端三方同时在线漫游进行评审，实时对话，随身携带，指导施工，随时给地点、构件添加标记，在电脑端直接生成材料二维码。

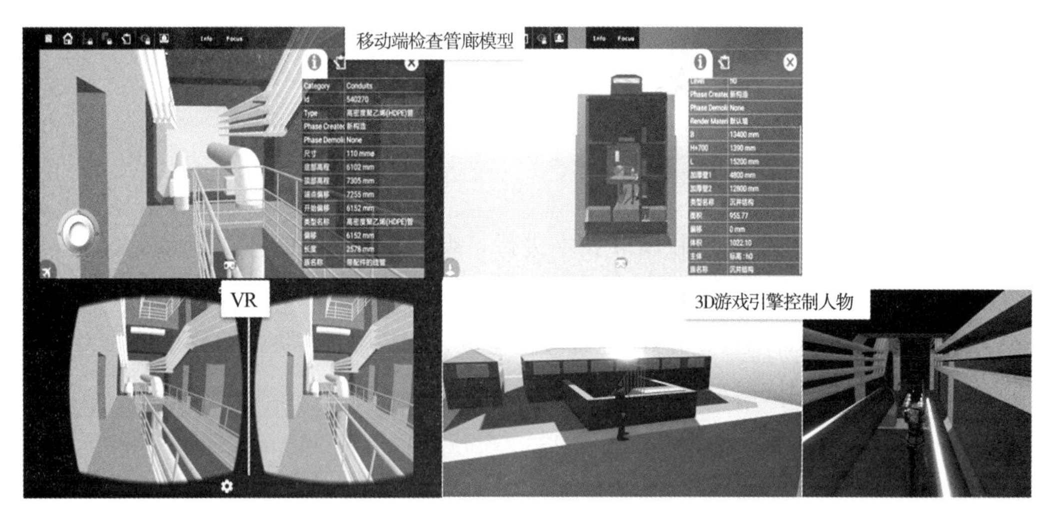

图 6-1-12　移动端模型数据交流及 VR 展示

3. 智能化运维阶段

管廊内管线、监控、消防设施一次性安装到位，配建监控中心对管廊主体及附属设施进行统一监管。监控平台包含火灾报警系统、环境和设备监控系统、安全防范系统、专业管线监测系统、通信系统及统一信息管理运维系统六个系统，确保综合管廊实时监控、实时数据预览，做到“图上看、网上管、地下查”，实现地下综合管廊资源动态监管。其主要目的是基于 BIM 与互联网实现对管廊以及内部的设备进行全生命周期的管理，从而保障管廊工程高效、可靠地运行。

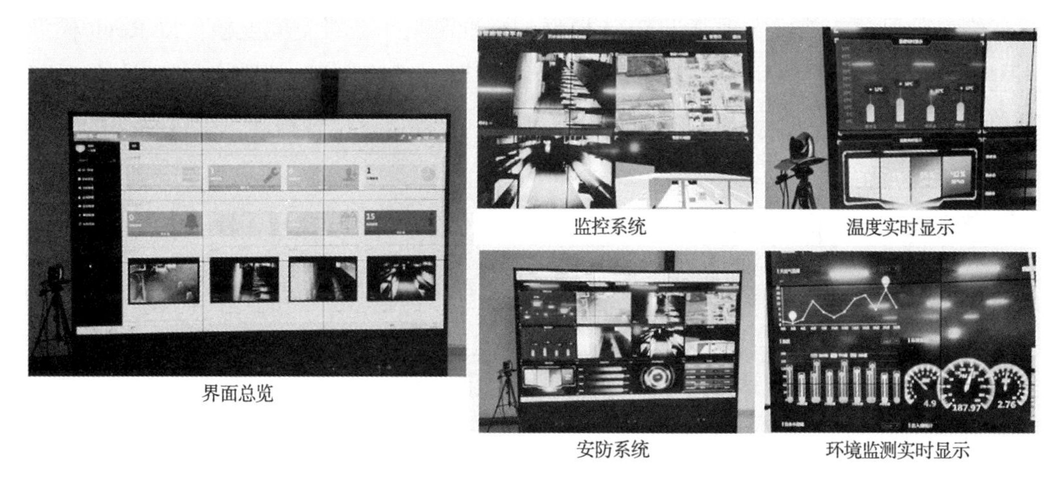

图6 1 13　智能化运营示意

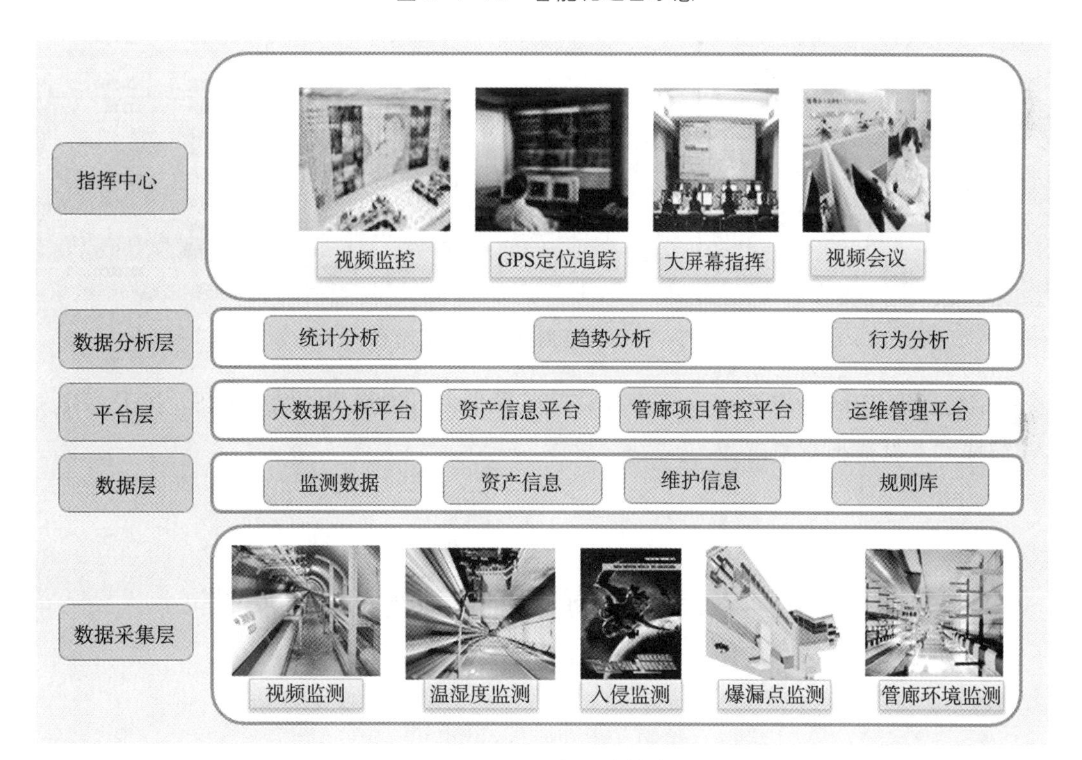

图 6-1-14　智能化运营模块示意

三、项目应用总结

该项目 2017 年设计，2019 年竣工投入运营，得益于 BIM 全生命周期理念的加入，为此项重要、复杂综合管廊工程的实施提供了强有力的支撑。从方案汇报、设计、施工到运行维护，获得了建设单位、施工单位的广泛认可和一致好评。

施工阶段位置放样实现基于 BIM 模型的精准测量 + 三维空间复核。以 Revit 模型为基础，可以实现 BIM 数据模型与三维放样机器人无缝衔接，对施工过程中各重要过程进行监控与复测，更加着重控制拼装过程中节点相对位置精度，保证桁架的现场施工拼装的精度。

模型深化加工将 BIM 数字化模型与工厂标准化生产结合，实现了智能化生产加工。

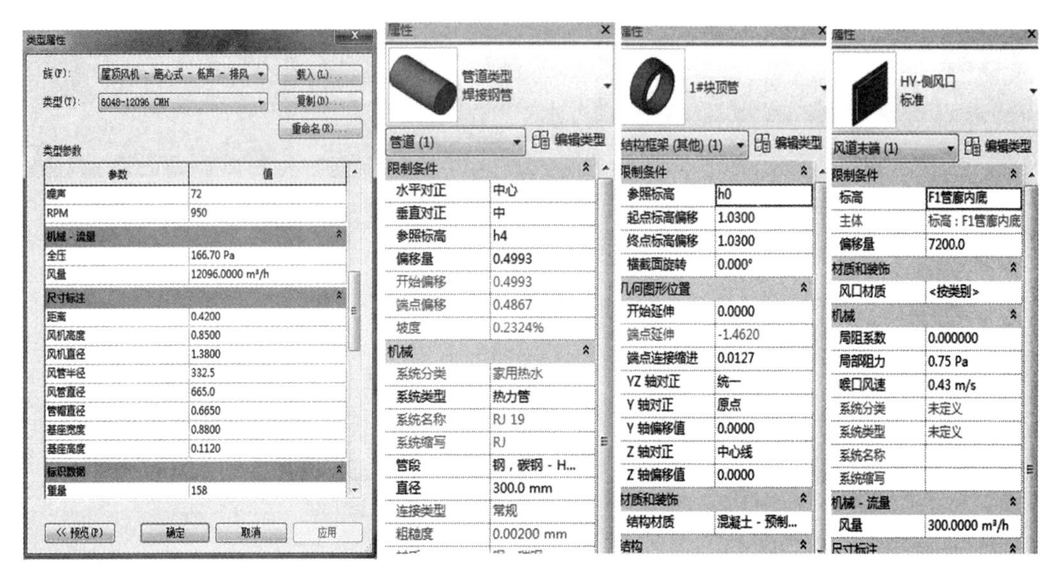

图 6-1-15　智能化生产加工示意

结合已有 BIM 运维平台，与市级监控监管平台打通接口，结合 GIS、IOT、BI、AI 等技术，打造智慧城市。

第二节　青岛市西海岸新区镰湾河污水处理厂优化化改造项目中BIM技术的应用

一、项目概况

镰湾河污水处理厂位于江山中路以东，靠近南辛安河与辛安后河交叉口西北角。该水厂服务范围为青岛市西海岸新区中部地区，西至小珠山，东至海岸线，北至红石崖十三号线，南至都江路，约 93.2 km²。污水厂分三期建设，现状一期规模为 4×10^4 m³/d，占地面积 3.81 ha，二期规模为 4×10^4 m³/d，占地面积 4 ha。

本次建设工程为镰湾河污水厂三期工程，三期占地面积为 2.83 ha，生物处理采用 MBBR 工艺，建设形式采用地上式布置，出水水质执行《地表水环境质量标准》V 类水水质，目前处于施工图设计阶段。

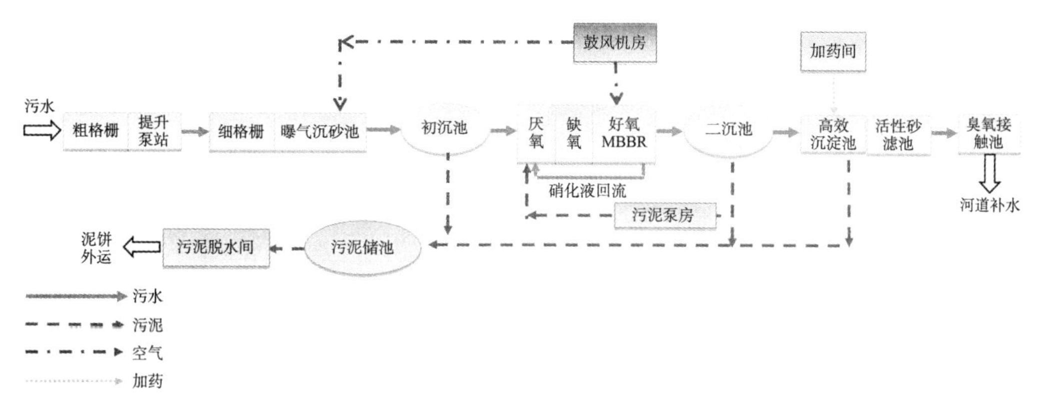

图 6-2-1 镰湾河污水厂三期处理工艺

项目特点：① 占地面积小：镰湾河水厂三期占地 2.83 ha，由于采用地上布置形式，用地面积紧张，各工艺构筑物布置紧凑，且与现状一、二期构筑物及南侧锦龙环保距离较近，工程对边界条件要求苛刻。② 工艺复杂：镰湾河水厂三期采用 MBBR 生物处理工艺、中进周出二沉池、高效沉淀池、V 型滤池等，业主方作为非专业人员难以理解池体功能及构造。

水厂类项目实施难点：施工图出图量多且修改频繁、专业管线多，侧墙顶板开洞多、布置复杂、专业配合难度大，设计与施工、设备商信息传递出现偏差。

本次镰湾河污水厂设计单体包含配电间、仓库等共 21 座，工作量大、涉及专业多，衔接配合要求高。池体结构复杂、顶板开洞多，构筑物高程不同，施工难度大。

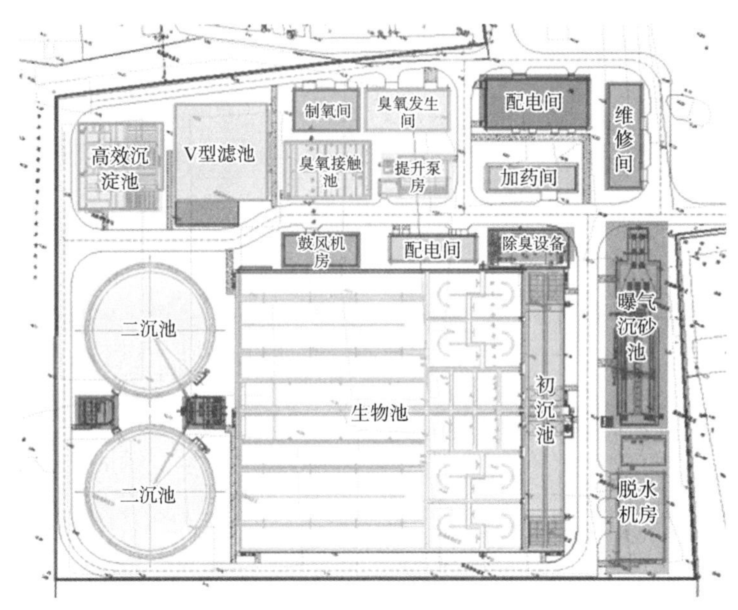

图 6-2-2　池体结构示意

二、BIM技术路线

由于工程需要方案表达的直观化，立体化，图纸设计的系统化，合理化，工程量统计的快速化，准确化，因此施工工艺及各构建尺寸的方案拟定需要及时调整。结合 BIM 设计特点，利用 BIM 设计，本项目在各阶段主要有以下应用，如图 6-2-3 所示。

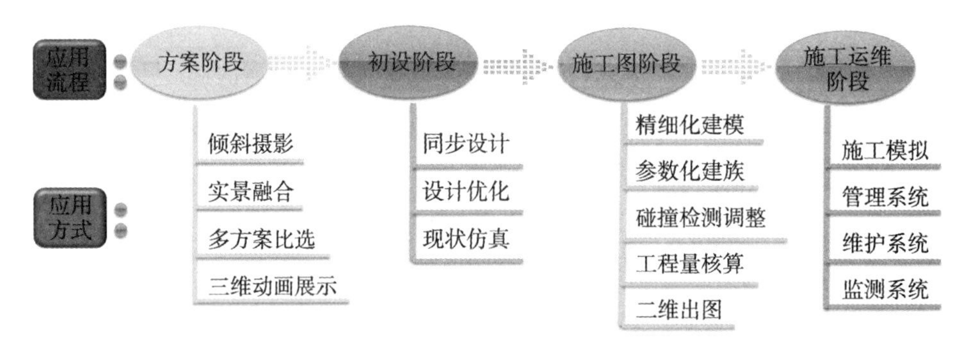

图 6-2-3　BIM 技术应用阶段及方式示意

三、BIM技术应用亮点

1. 前期阶段

根据企业污水厂 BIM 建模标准，建立镰湾河水厂 BIM 建模项目标准，形成建模指导手册，同时根据建模标准，积累项目构件库。

利用倾斜摄影实现场地建模，加深对现场的了解，有效节约不同专业设计人、专业负责人以及相关领导看现场的时间，同时利用场地模型进行汇报，可以真实、准确地反映实际情况，提高汇报效果。

图 6-2-4　镰湾河水厂现状模型

2. 方案阶段

通过将BIM模型与现场实景场景相结合，利用虚拟现实技术提供全景沉浸式体验，可以全方位、直观地展示设计方案，为业主决策提供帮助。在水厂用地面积紧张的情况下，可以直观显示出设计构筑物与现状建筑的间距，从而优化设计方案。

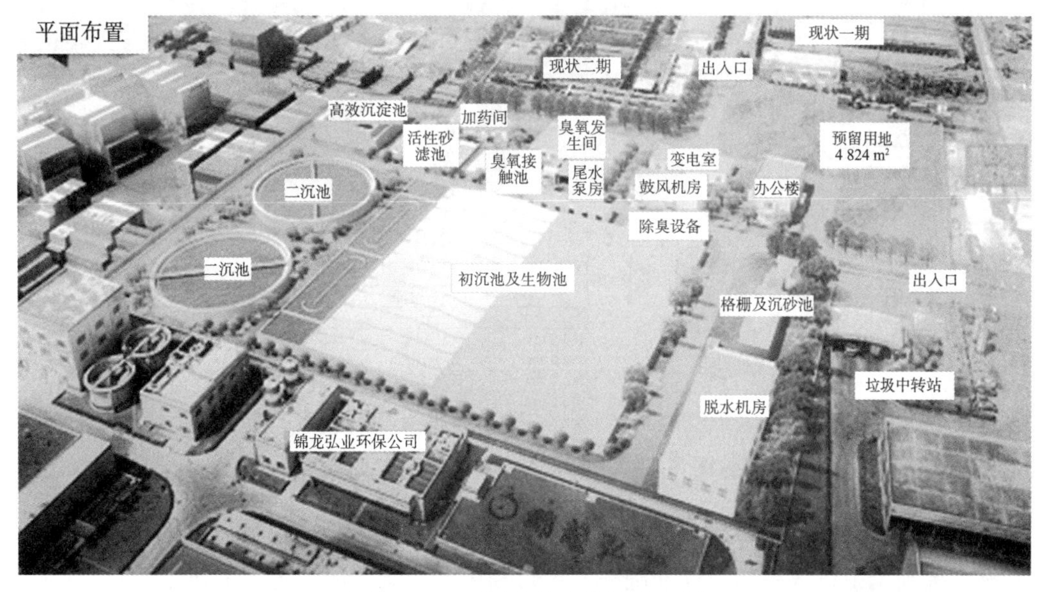

图 6-2-5　镰湾河水厂平面布置图

污水厂具有多种处理工艺，利用构筑物的BIM模型进行汇报，可以直观展示构筑物的污水处理流程，帮助业主加深对工艺的理解，有助于业主对水厂处理工艺的选择，减少对接次数，提高设计效率。

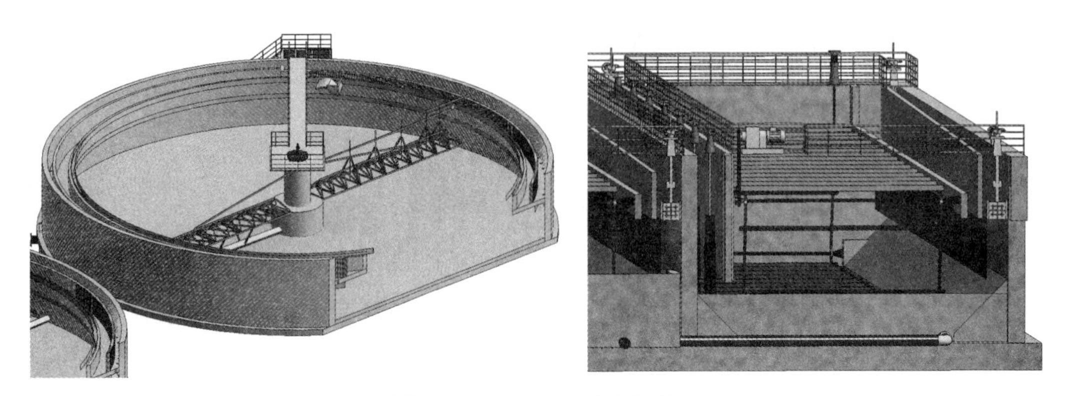

图 6-2-6　圆形、方形沉池

3. 设计阶段

镰湾河水厂根据项目进展实现了BIM正向设计。本工程利用Revit平台进行协同设计，各单体间通过链接方式实现合模，实现了多人同步设计。直接利用Revit进行三维设计，可以减少对多个平剖面进行重复绘制，提高工作效率；同时，避免重复绘制时出现的各平剖面之间不对应的情况，提高了设计准确率。

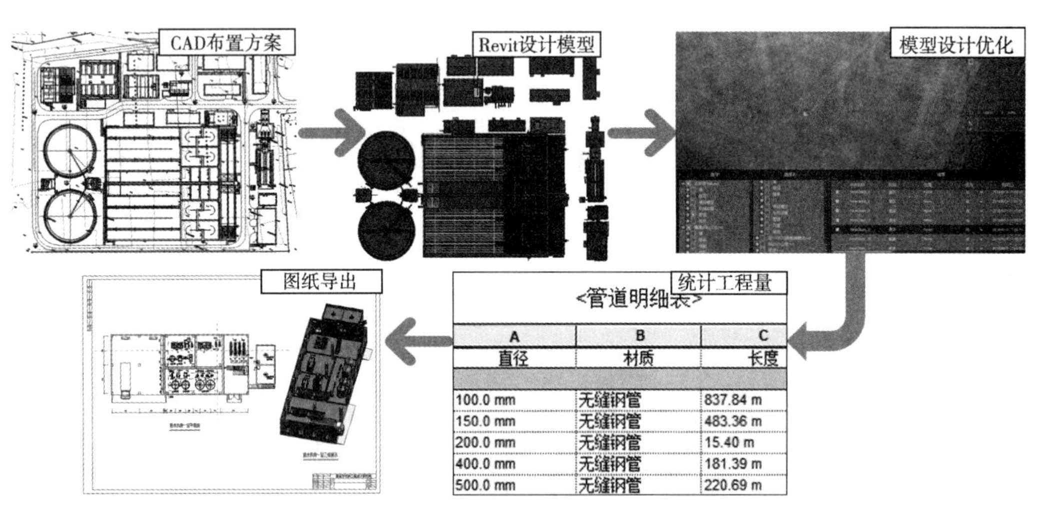

图 6-2-7　BIM正向设计的工作流程

模型构建后利用一键开洞功能，实现管道与侧墙、楼板、梁等区域的精准、快速开洞，提高了工作效率和设计准确率，项目利用该功能共计开洞131处。

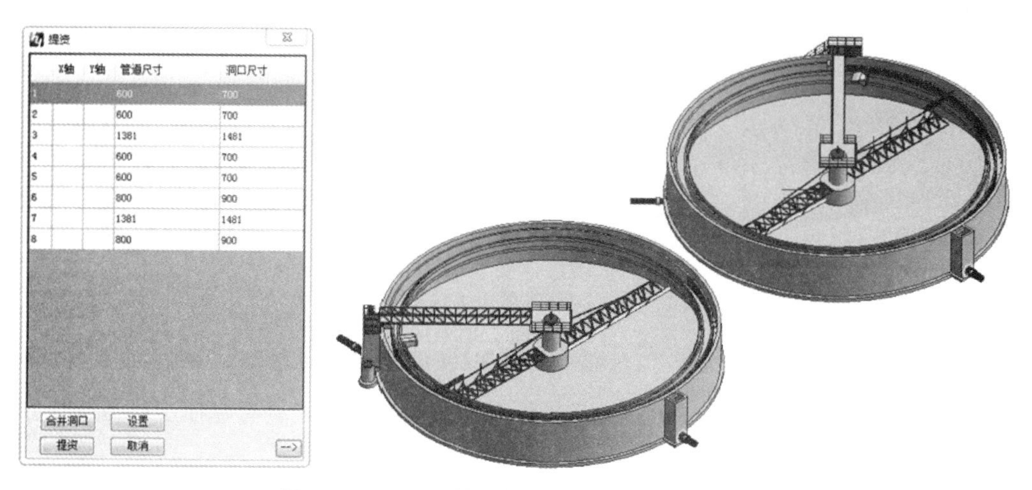

图 6-2-8　BIM 模型构建后利用 键开洞功能

通过漫游及碰撞检查等方式对模型进一步检查，对洞口遗漏及管线碰撞情况进行及时修正，提前发现设计存在的问题，防患于未然，减少了设计变更及施工返工的现象。项目碰撞检查测试中发现管道绘制问题 47 处。

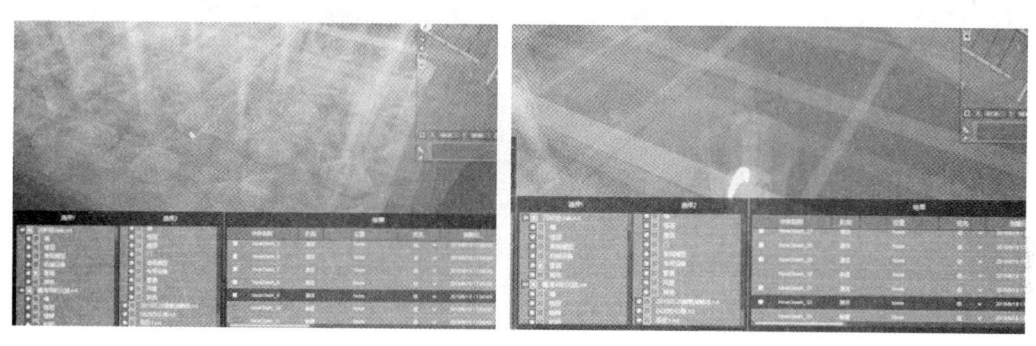

图 6-2-9　项目碰撞检查测试

工艺模型完成后，将模型发送给结构专业，对模型进行受力计算后，通过 BIM 进行模型修改、配筋，最终实现结构专业出图。水厂内结构较为复杂，相关配套专业设计人员难以理解池体构造，本项目通过 BIM 展示池体复杂节点，减少了各专业间对接次数，提高了设计效率。

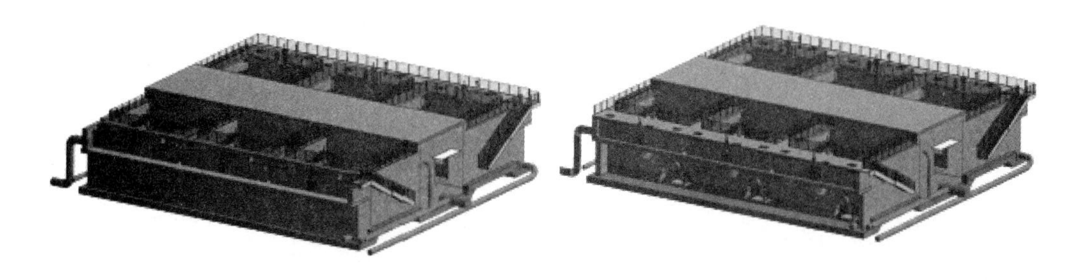

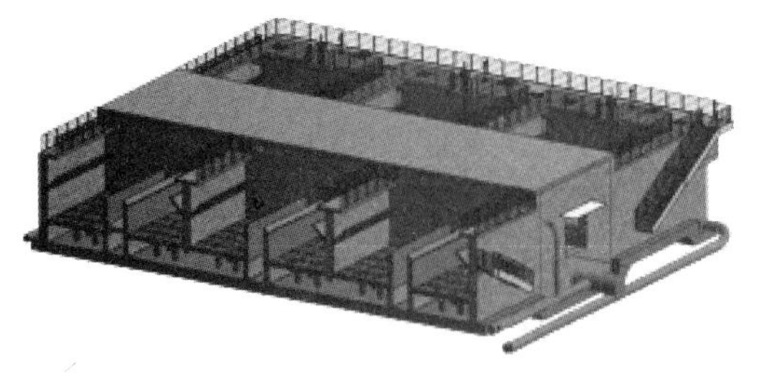
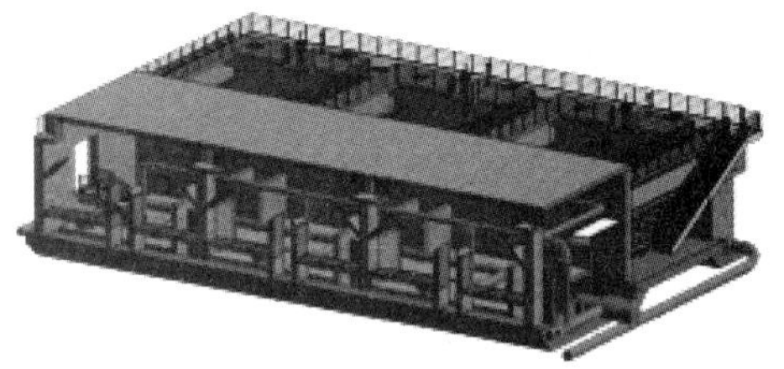

图 6-2-10　BIM 展示池体复杂节点示意

在水厂 BIM 建模过程中，厂区道路及地形处理等问题是亟须解决的难题，三个水厂在设计时均采用 Revit 进行厂区道路及地形建模，该方式具有建模工作量大、准确度低、无法出图等弊端。

本次在水厂 BIM 优化设计中通过尝试将 CAD 高程点导入 Civil 3D 中，进行水厂厂区地形建模及道路平纵横设计，再利用 Autodesk Infraworks 实现三维可视化调整，根据三维模型视距，动态调整、优化设计纵断，进行相互检测。

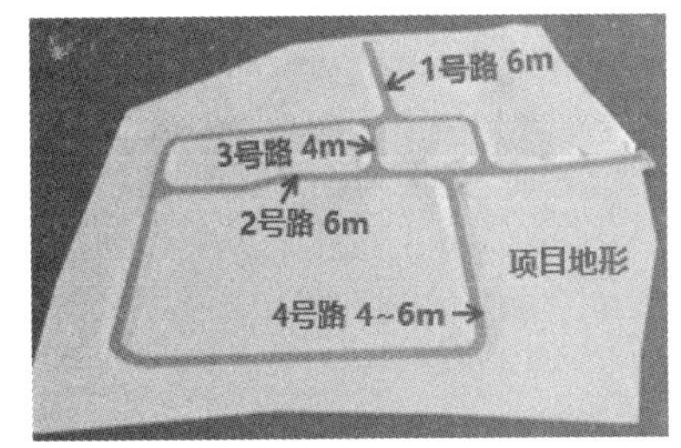

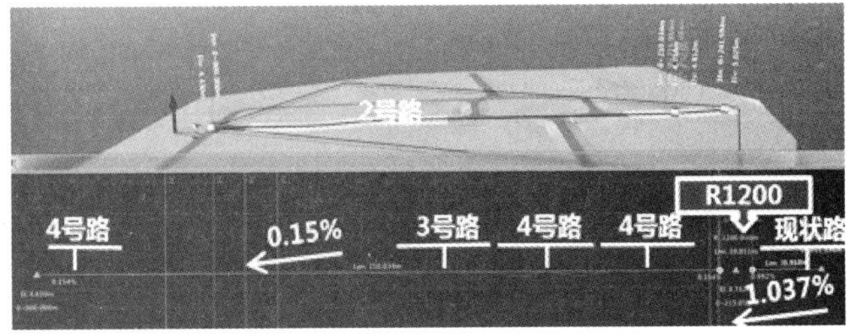

图 6-2-11　导入 Civil 3D 检测纵断设计示意

将 Revit 模型和 Civil 3D 模型进行合模，实现了厂区的整体展示，最终通过 Civil 3D 对道路图纸进行导出。

BIM 模型深度直接影响了工程量统计的准确度，该项目设计阶段利用 BIM 进行工程量明细表的计算，实现了工程量的快速、准确统计，提高了设计效率，通过 BIM 进行工程量统计可以节省 10% ~ 20% 的工作时间。利用族库大师、BIM 云族库等插件，丰富了工程中常用的族件库，通过针对性地对专业设备进行族件参数化绘制，改善了以往水厂 BIM 应用中族件不充足的问题，提高了建模效率。

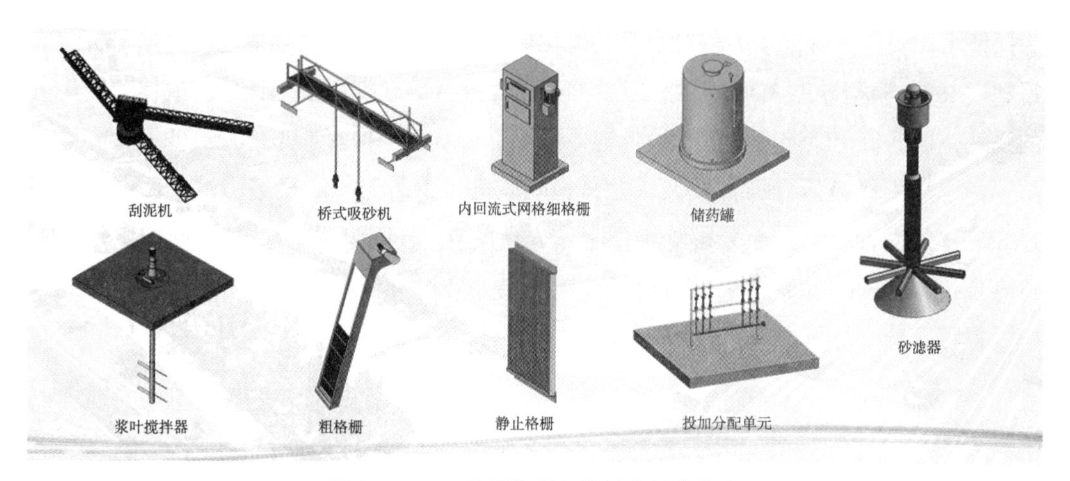

图 6-2-12　业设备进行族件参数化绘制

利用 E 建筑平台实现模型轻量化发布，利用手机、平板等设备即可进行对模型的参数、属性、材质等信息的查看，可指导施工，为施工人员提供便利，减少施工中出现的问题。

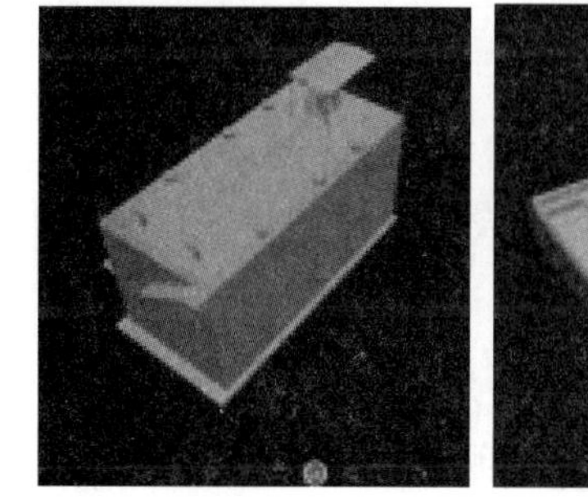
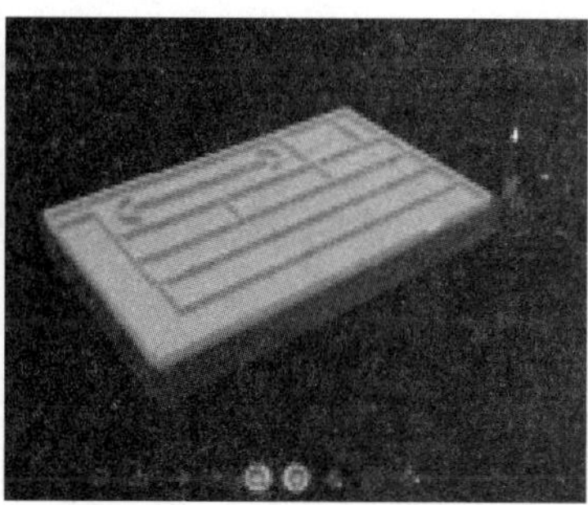
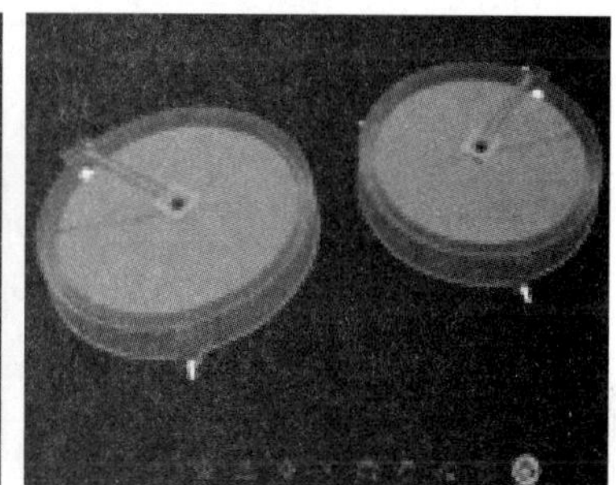

图 6-2-13　臭氧接触池、生物池、二沉池

利用 Revit 实现三维直接出图，图纸采用传统二维 + 三维的模式，更加直观地展示水厂结构，加深施工人员对图纸的理解，从而指导施工。

4. 创新应用

生物池是污水厂设计时最重要的构筑物之一，池内的水流情况在很大程度影响了生物池的处理效果。传统 CAD 设计生物池时，通常采用经验布置推流器、导流器等设施来提高池内水流流速较慢的区域，从而防止污泥发生沉降，本次 BIM 设计尝试采用 Flunet 进行水流模拟，有针对性地对流速较慢的区域进行推流设备的布置。

镰湾河水厂项目利用 Revit 模型导出 sat 文件，导入 icem cfd 软件，进行网格划分，最后通过 Fluent 进行水流模拟分析，根据分析结果结合设计经验，对池内推流器及搅拌器进行布置，增加了设计依据。污水厂在运行过程中会产生以硫化氢为主的有毒气体，为保证水厂安全运行，本工程对水厂内硫化氢浓度最高的污泥浓缩池进行模拟分析。项目利用 Revit 模型导出 3DS 文件，通过 Phoenics 进行臭气扩散模拟，分析池体中硫化氢的浓度，根据硫化氢浓度情况，设计池体的除臭风量，确保水厂工作人员的安全。

污水厂内设备运行噪音较大，尤其是鼓风机房、污泥脱水机房，设备长期保持超过 85 dB 的噪音释放，十分影响水厂工作人员的身体健康。本项目利用斯维尔软件进行噪音模拟，根据检测结果，将机房设置在对办公区噪音影响较小的位置，并在机房内设置隔音墙，尽可能降低设备噪音。

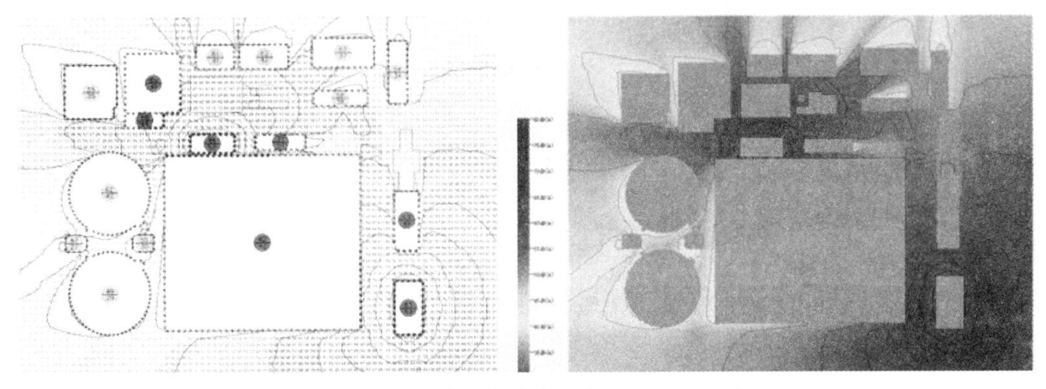

图 6-2-14　利用斯维尔软件进行噪音模拟

本次水厂设计中对镰湾河东北角预留用地进行海绵城市设计，该项目利用 Revit 对场地进行下垫面定义，并对各类下垫面进行海绵参数添加，最终统计各类下垫面的面积，并根据添加的径流系数、各类污染物去除率等参数进行径流总量控制率及面源污染控制率的快速统计，相比传统设计，节约了大量的设计时间。

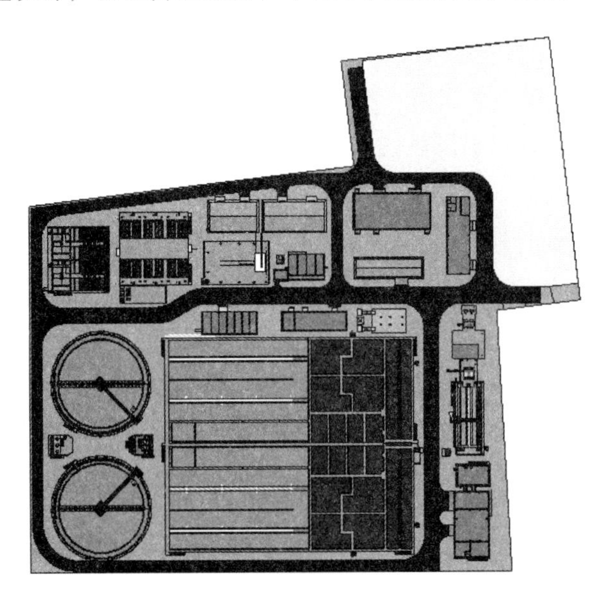

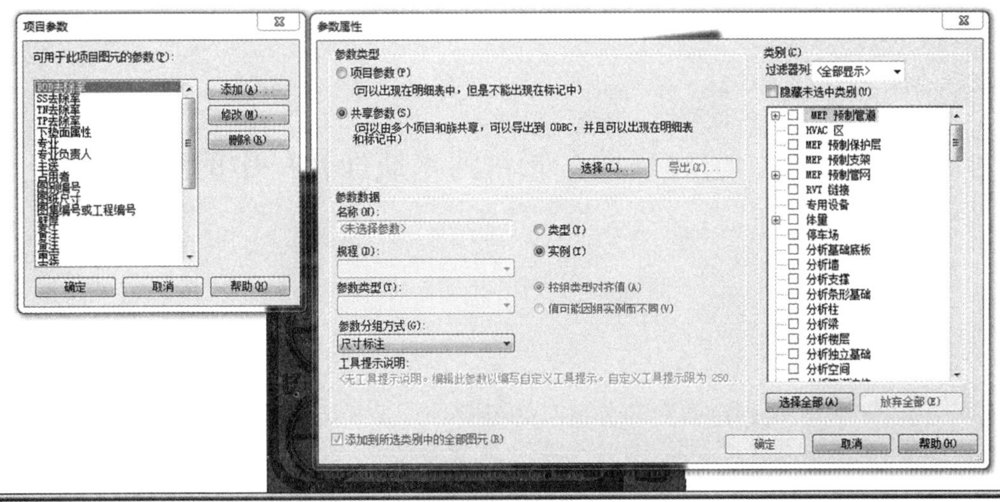

<海绵LID措施统计表>							
A	B	C	D	E	F	G	H
下垫面属性	径流系数	表面积	BOD去除率	SS去除率	TN去除率	TP去除率	径流权重
地下建筑覆盖绿	0.20	23681 m²	0.00	0.00	0	0.00	4736.267472
透水铺装	0.35	4637 m²	0.37	0.00	0.21	0.97	1623.070292
下沉式绿地	0.15	4881 m²	0.61	0.73	0.66	0.83	732.089283
		33199 m²					7091.427047

图 6-2-15　利用 Revit 进行径流总量控制率及面源污染控制率的快速统计

污水厂传统自控通常采用设备厂家设计的简易模型。镰湾河水厂设计完成后可将 BIM 模型与运维平台进行结合，实现水厂处理效果及设备使用状况的精确监控，从而为水厂的运行提供技术保障。相比传统方式，利用 BIM 模型进行监控，可以更加准确、真实地反应各设备的具体位置。

图 6-2-16　利用 BIM 模型进行监控

第三节 BIM技术在张村河水质净化厂中的应用

一、项目背景

1. 总体概况

该水厂采用全地下式布置形式，结构形式较为复杂，生物池池底达到地下 16.8 m。

张村河水质净化厂工程是满足李村河流域污水量逐渐增加的必要工程；通过全地下式建设可以节约有限的土地资源，合理利用城市空间；同时，全地下式建设可以更好地解决臭气、噪音等带来的二次污染。张村河水质净化厂位于青银高速以西，张村河河道北侧，水厂建设规模 4×10^4 m^3/d，占地面积 1.31 ha。

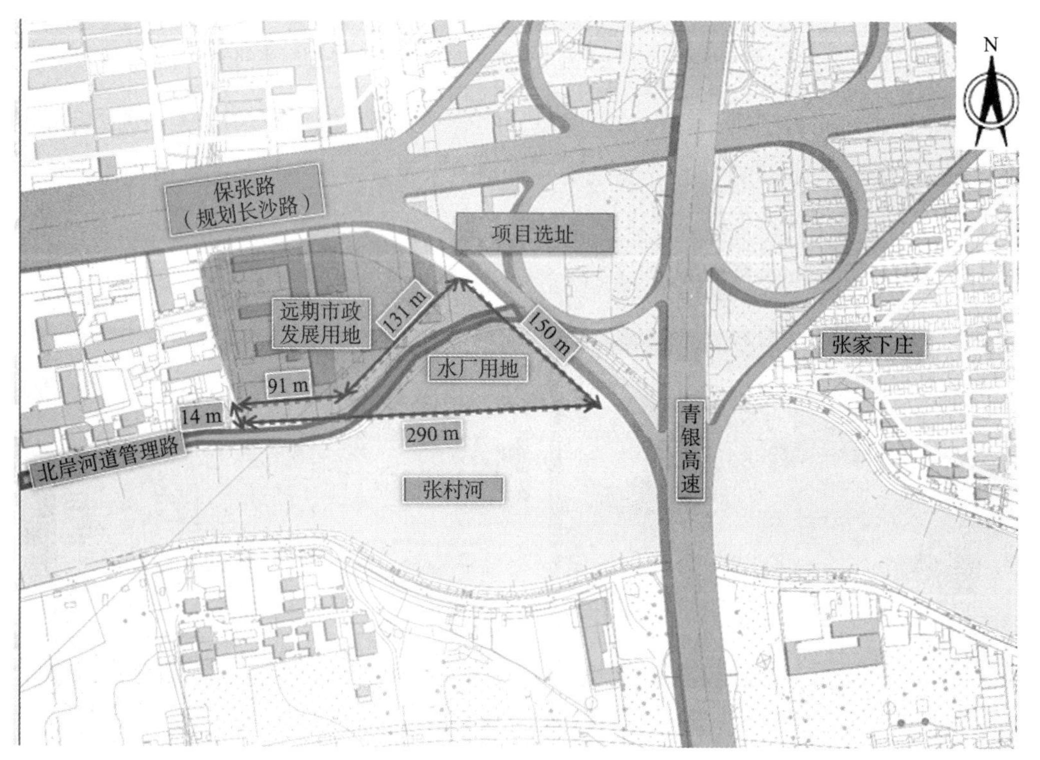

图 6-3-1 项目位置图

2. 工艺流程

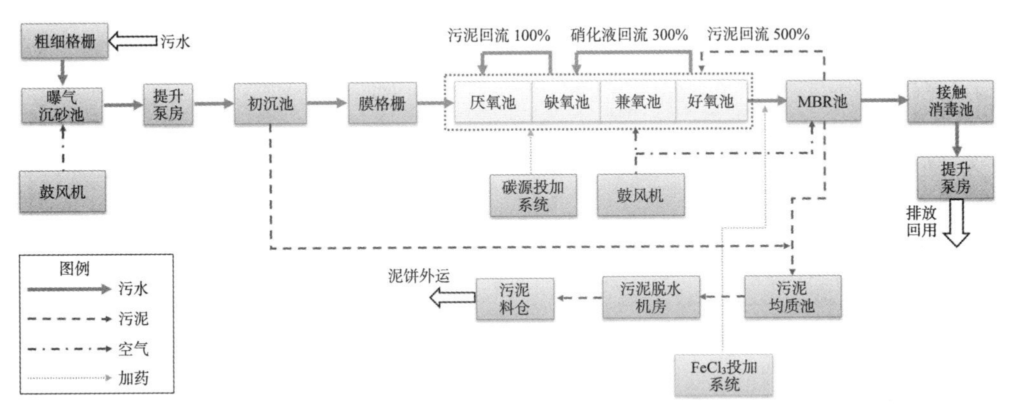

图 6-3-2　工艺流程图

3. 水厂平面图

张村河水质净化厂地上范围呈不规则多边形，占地面积 13 086 m^2，建筑总面积 1 308.25 m^2；厂区为花园式水厂，绿化率达到 55%，苗木以乡土节水型树种为主，绿化标准高，四季有景。

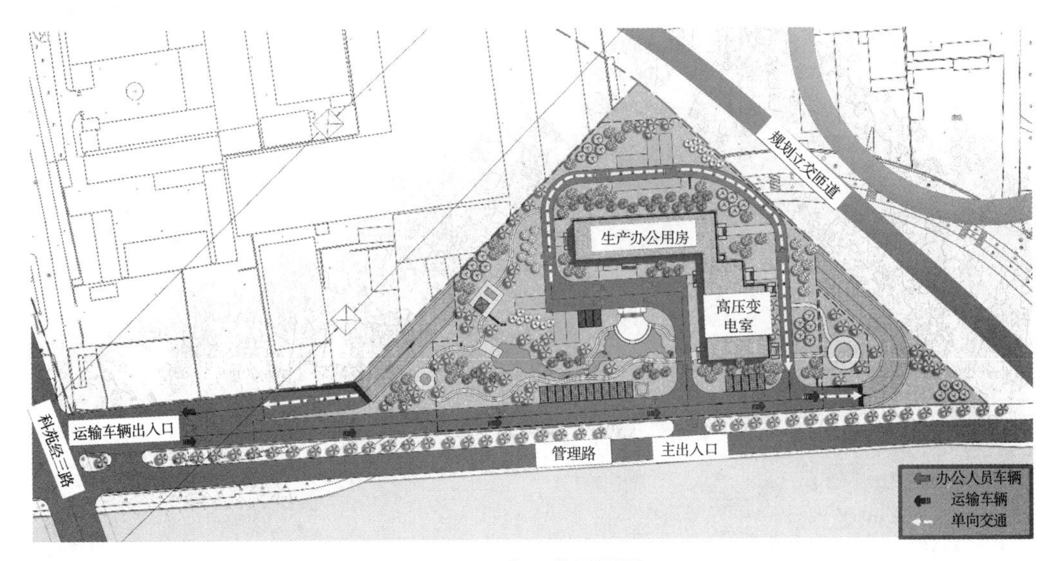

图 6-3-3　水厂总平面图

张村河水质净化厂地下部分分为两层，负一层设有 10 座楼梯间，三座 MCC 室，以及鼓风机房、排风机房及进水仪表间等设备间，建筑面积为 2 203 m^2。张村河水质净化厂负二层为污水处理区，建筑面积为 9 050.5 m^2。

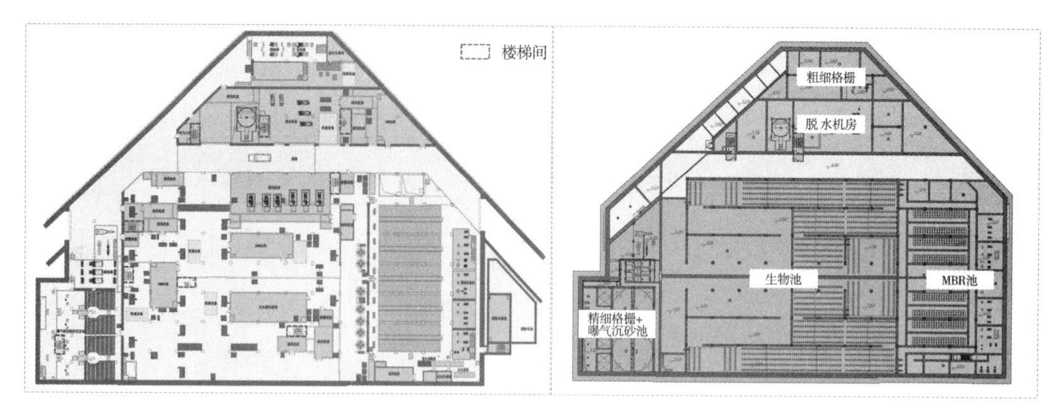

图 6–3–4　水厂负一层、负二层平面图

二、BIM技术应用及方法

1. 应用背景

污水处理厂及泵站构筑物数量多、管线种类复杂、参与专业多、工期短、出图量大；各专业间配合要求高，碰撞检查及专业间会签错漏逐渐增多；晒制蓝图对复杂节点表述不够生动清晰，向业主汇报效果差，造成对设计的评价较为滞后并低于预期，也不利于后续施工和运营维护。对于厂站等带有复杂管线设计的工程如果继续采用二维 CAD 制图方法，竞争优势将逐渐减弱。

图 6–3–5　水厂效果图

2. BIM 技术实施方案及应用流程

水厂建设与民用建筑工程相比，因其施工现场复杂、投资巨大、施工时间长、技术复杂、操作风险大和社会责任强等特点而受到人们的普遍关注。

BIM 技术的优势：能够充分实现收集、分析、交流、共享、应用于全周期项目的设计、建造、运行的平台，保证数据的完整性、真实性、准确性和一致性。

本次水厂设计全面应用 BIM 技术，各专业利用 BIM 进行三维信息模型设计、方案优化设计、可视化展示等，指导设计人员进行深化设计，最终为施工阶段提供准确的 BIM 模型。

通过 BIM 技术的应用，旨在增加设计准确性，减少碰撞与漏缺现象发生，提高设计质量与设计效率。通过三维模型，使各方更容易了解设计意图，减少后期服务的人员需求，避免设计变更与施工返工，缩短工期，降低成本。

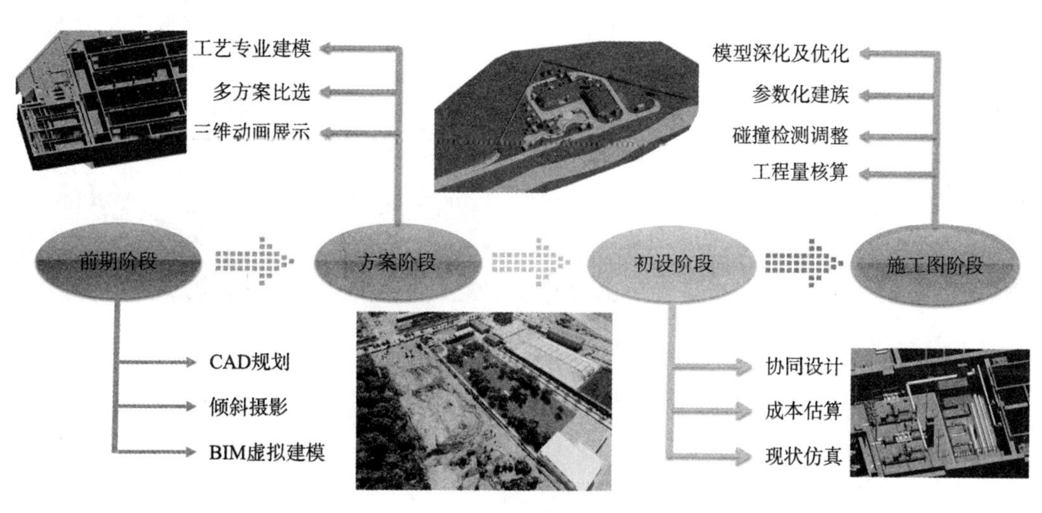

图 6-3-6　应用流程

三、BIM技术应用亮点

1. 前期阶段

利用无人机航拍斜影技术，实时动态查看工程沿线各类建筑位置关系；基于 Smart 3D CaPture 软件，对航拍成果进行高效、快捷、智能实景建模；基于航拍技术实景建模。

图 6-3-7　实景模拟

将 BIM 模型与倾斜摄影实景模型相结合，直观展示不同方案的景观效果。

2. 初设阶段

各专业利用 Revit 平台进行水厂模型构建。

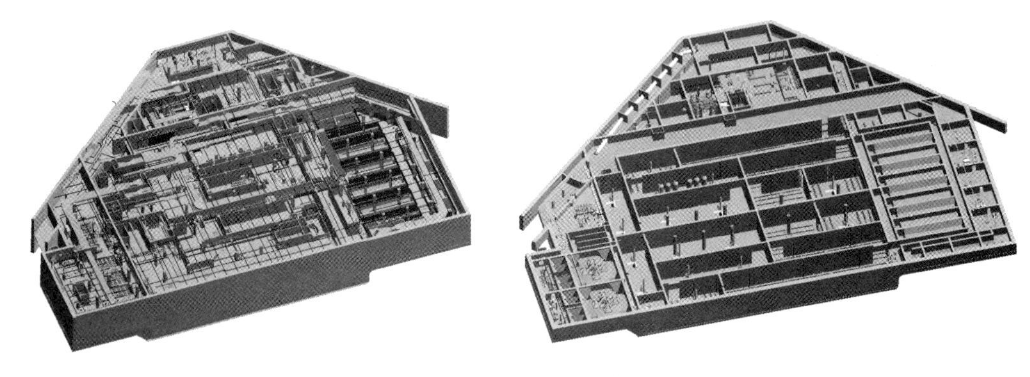

图 6-3-8　水厂负一、负二层

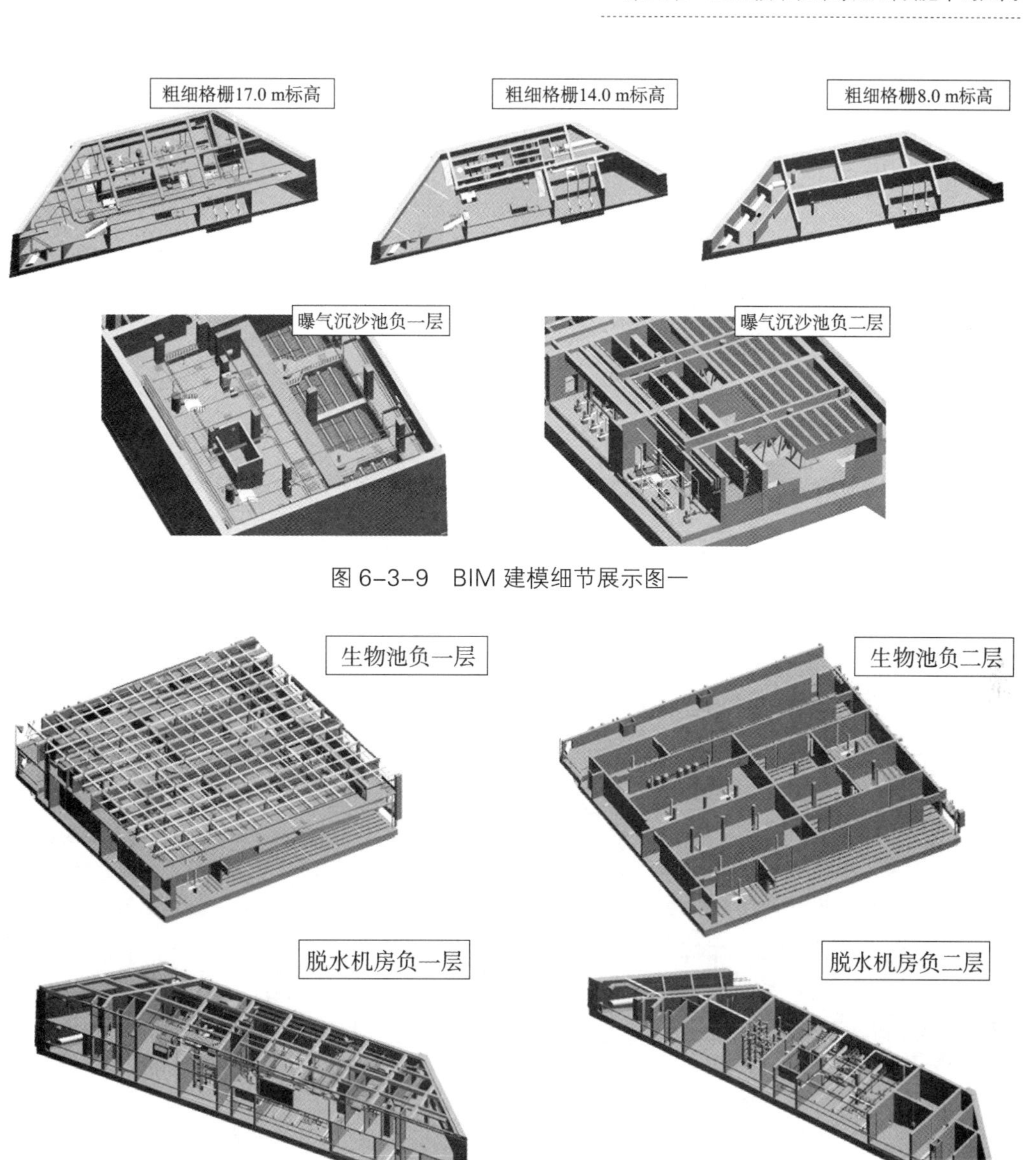

图 6-3-9　BIM 建模细节展示图一

图 6-3-10　BIM 建模细节展示图二

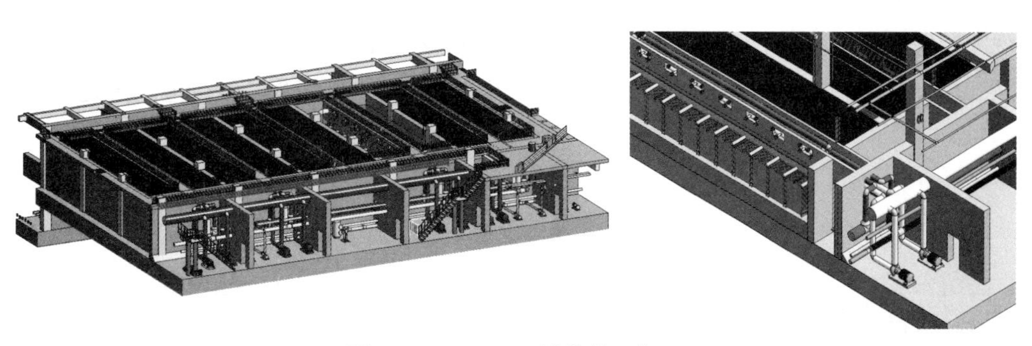

图 6-3-11　MBR 池整体、备区

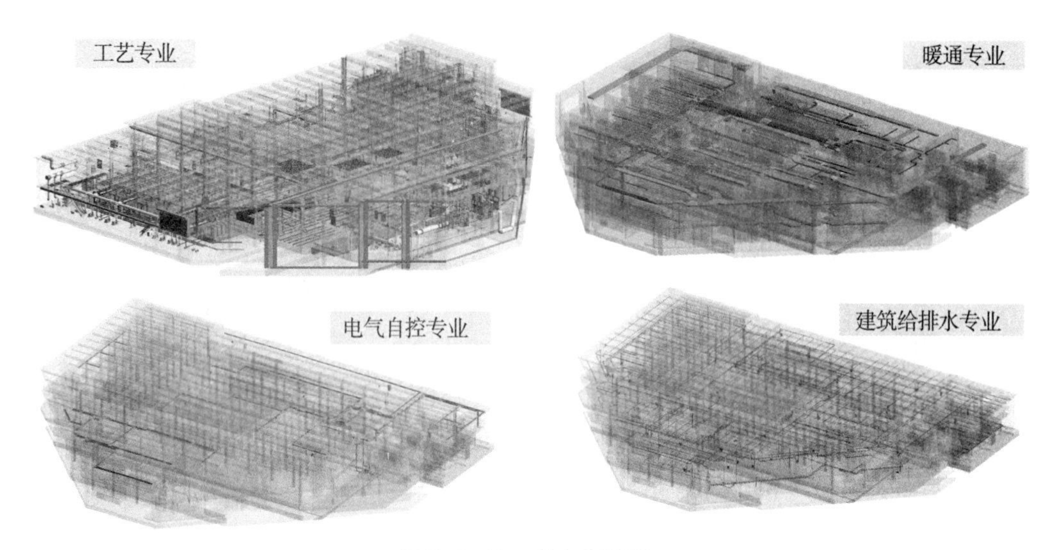

图 6-3-12　各专业建模

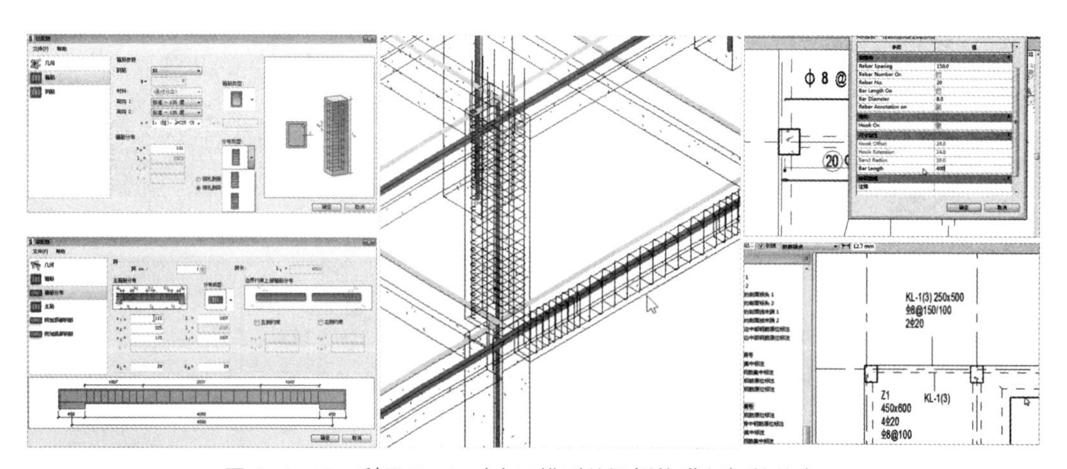

图 6-3-13　利用 Revit 对水厂模型的梁板柱进行钢筋的布置

3. 施工图阶段

（1）管线碰撞调整。由于水厂项目具有复杂性和多专业综合性，管线之间经常出现大量碰撞问题，进行碰撞检测的目的主要是减少碰撞发生。深化设计方案和综合布局，减少返工和变更本项目，通过 Revit 进行碰撞检测，共发现管线碰撞 225 处。

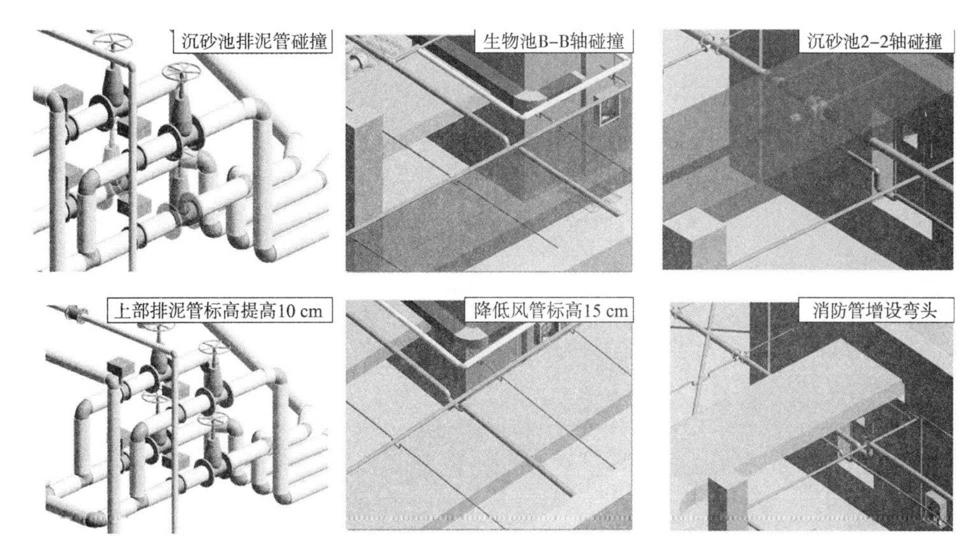

图 6-3-14　管线碰撞调整示意

（2）孔洞精准预留。利用 BIM space 机电中协同开洞可以实现模型中侧壁的精准开洞，依据管综模型生成过墙套管，并生成预留孔洞图纸，实现孔洞在墙体砌筑过程中的精确预留，解决了以往先砌筑后凿墙的落后做法，大大提高了洞口查找的准确率及工作效率。

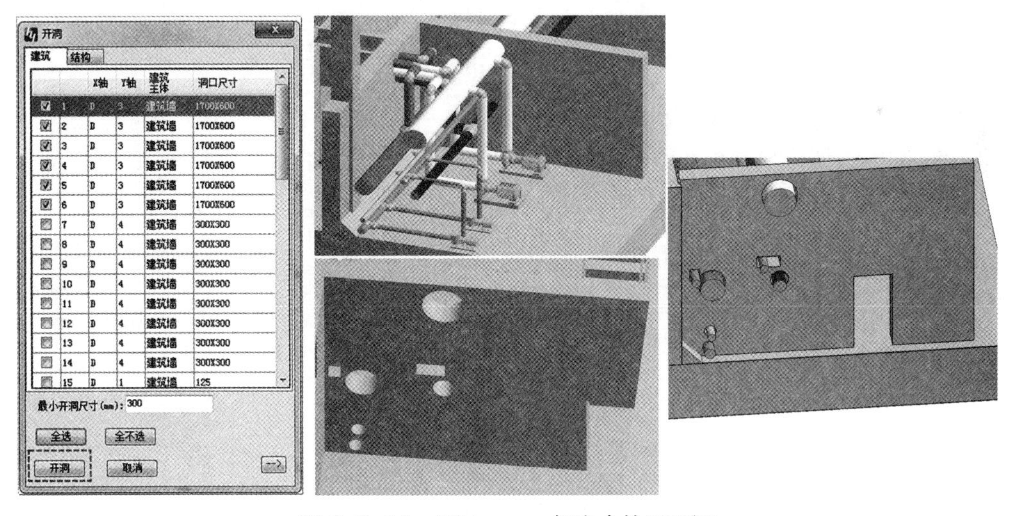

图 6-3-15　BIM space 机电中协同开洞

（3）调整设计细节。二维设计是基于投影关系的平面图纸，三维状态下的位置关系并不能在图纸上充分体现。多专业配合时容易出现设计偏差，传统设计遵循由工艺先行设计后给其他专业提供条件图，其他专业完成设计再返图给工艺的模式。同时，其他专业之间也需要互提条件，互相配合。图纸在传递过程中次数越多，出现偏差的概率越大，因此常出现不同专业之间的图纸不相符合的问题。

（4）参数化建族。污水厂中的许多非标构件需要使用者定制，目前张村河水厂在 BIM 模型中，创建的构件库有 30 余个。

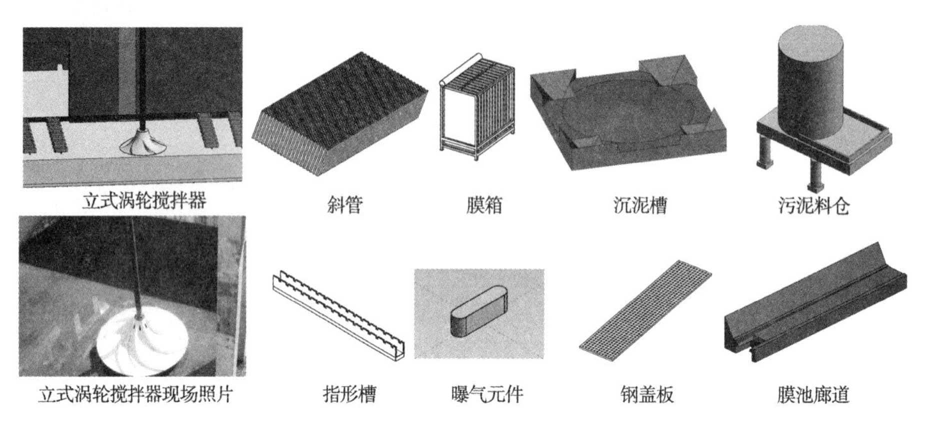

图 6-3-16　构件库

（5）材料统计及二维出图。Revit 在模型建立完成后可实现任意平面、剖面的出图。

Revit 可以对项目工程量进行快速统计。对模型进行修改后，各平剖面和材料表同步进行修正，避免了传统 CAD 设计可能产生遗漏的现象。

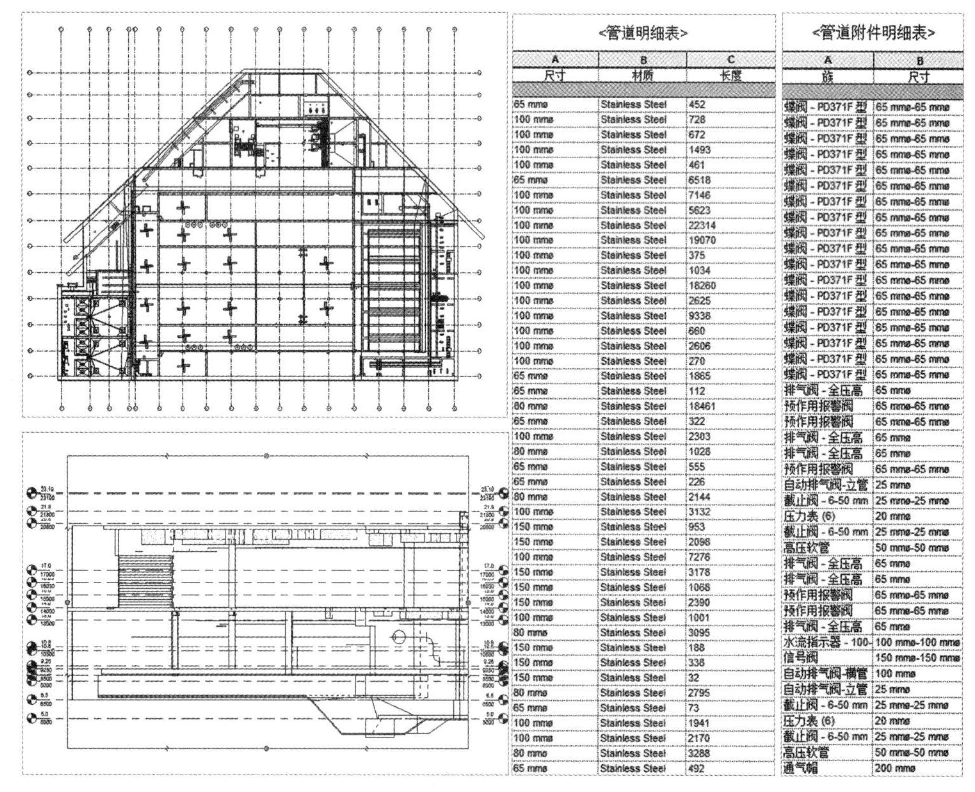

<管道明细表>

A	B	C
尺寸	材质	长度
65 mmø	Stainless Steel	452
100 mmø	Stainless Steel	728
100 mmø	Stainless Steel	672
100 mmø	Stainless Steel	1493
100 mmø	Stainless Steel	461
65 mmø	Stainless Steel	6518
100 mmø	Stainless Steel	7146
100 mmø	Stainless Steel	5623
100 mmø	Stainless Steel	22314
100 mmø	Stainless Steel	19070
100 mmø	Stainless Steel	375
100 mmø	Stainless Steel	1034
100 mmø	Stainless Steel	18260
100 mmø	Stainless Steel	2625
100 mmø	Stainless Steel	9338
100 mmø	Stainless Steel	660
100 mmø	Stainless Steel	2606
100 mmø	Stainless Steel	270
65 mmø	Stainless Steel	1865
65 mmø	Stainless Steel	112
80 mmø	Stainless Steel	18461
65 mmø	Stainless Steel	322
100 mmø	Stainless Steel	2303
80 mmø	Stainless Steel	1028
65 mmø	Stainless Steel	555
65 mmø	Stainless Steel	226
80 mmø	Stainless Steel	2144
100 mmø	Stainless Steel	3132
150 mmø	Stainless Steel	953
150 mmø	Stainless Steel	2098
100 mmø	Stainless Steel	7276
150 mmø	Stainless Steel	3178
150 mmø	Stainless Steel	1068
150 mmø	Stainless Steel	2390
100 mmø	Stainless Steel	1001
80 mmø	Stainless Steel	3095
150 mmø	Stainless Steel	188
150 mmø	Stainless Steel	338
150 mmø	Stainless Steel	32
80 mmø	Stainless Steel	2795
65 mmø	Stainless Steel	73
100 mmø	Stainless Steel	1941
100 mmø	Stainless Steel	2170
80 mmø	Stainless Steel	3288
65 mmø	Stainless Steel	492

<管道附件明细表>

A	B
族	尺寸
蝶阀 - PD371F 型	65 mmø-65 mmø
蝶阀 - PD371F 型	65 mmø-65 mmø
蝶阀 - PD371F 型	65 mmø-65 mmø
蝶阀 - PD371F 型	65 mmø-65 mmø
蝶阀 - PD371F 型	65 mmø-65 mmø
蝶阀 - PD371F 型	65 mmø-65 mmø
蝶阀 - PD371F 型	65 mmø-65 mmø
蝶阀 - PD371F 型	65 mmø-65 mmø
蝶阀 - PD371F 型	65 mmø-65 mmø
蝶阀 - PD371F 型	65 mmø-65 mmø
蝶阀 - PD371F 型	65 mmø-65 mmø
蝶阀 - PD371F 型	65 mmø-65 mmø
蝶阀 - PD371F 型	65 mmø-65 mmø
蝶阀 - PD371F 型	65 mmø-65 mmø
蝶阀 - PD371F 型	65 mmø-65 mmø
蝶阀 - PD371F 型	65 mmø-65 mmø
蝶阀 - PD371F 型	65 mmø-65 mmø
蝶阀 - PD371F 型	65 mmø-65 mmø
排气阀 - 全压高	65 mmø
预作用报警阀	65 mmø-65 mmø
预作用报警阀	65 mmø-65 mmø
排气阀 - 全压高	65 mmø
排气阀 - 全压高	65 mmø
预作用报警阀	65 mmø-65 mmø
自动排气阀-立管	25 mmø
截止阀 - 6-50 mm	25 mmø-25 mmø
压力表 (6)	20 mmø
截止阀 - 6-50 mm	25 mmø-25 mmø
高压软管	50 mmø-50 mmø
排气阀 - 全压高	65 mmø
排气阀 - 全压高	65 mmø
预作用报警阀	65 mmø-65 mmø
预作用报警阀	65 mmø-65 mmø
排气阀 - 全压高	65 mmø
水流指示器 - 100-	100 mmø-100 mmø
信号阀	150 mmø-150 mmø
自动排气阀-横管	100 mmø
自动排气阀-立管	25 mmø
截止阀 - 6-50 mm	25 mmø-25 mmø
压力表 (6)	20 mmø
截止阀 - 6-50 mm	25 mmø-25 mmø
高压软管	50 mmø-50 mmø
通气帽	200 mmø

图 6-3-17　材料统计、二维出图

第七章

BIM 技术在市政道路中的应用

第一节　BIM数字化助力市政工程EPC总承包管理模式

李王路拓宽工程作为青岛市全力推进青岛胶东国际机场高速和周边普通国省道的改扩建的重大工程项目，由市住房城乡建设局牵头，协调辖区政府组织实施，是在极端恶劣天气下，保障市民高效便捷进出新机场的重要应急保障工程。

一、EPC总承包模式项目特点

（1）本项目市政工程 EPC 模式作为山东省内先行实施 EPC 总承包管理模式的前期工程，主要目的是发挥设计在整个工程建设过程中的主导作用，以设计优势推动工程进展，并将工程设计、工程管理和工程施工良好结合。

（2）项目管理难点：① 实体实地基础信息复杂。工程实体基础信息影响因素多，变更概率大。② 设计、施工异地沟通量大。设计部门与项目部异地，对现场情况的表述及设计文件的理解等问题，各方均难以保证信息传递的完整性及真实度。③ 审核流程及工作量大。设计施工一体化导致部分工作内容审核流程增加。④ 工程周期及处理效率要求高。设计单位需及时跟进项目建设进度，施工反馈、业主审核、设计解决等均需要处理效率的提高。

（3）项目专业难点：① 多、杂、难。基础资料繁多，涉及图纸繁杂，资料查阅困难。② 专业关系复杂。专业设计之间交互性差，专业相关关系及影像表达不直观。③ 设计表达需求高。市政道路立体设计部分空间计算及表达需求高。④ 节点意向难述。复杂节点的设计意图难以表述。⑤ 环境与预判性差：工程现场环境多变，施工组织设计预判性差。

二、BIM数字化途径运用特点

（1）融合。领先性进行设计单位与 BIM 第三方深度融合合作，发挥设计单位的行业专业化优势与 BIM 第三方的数字标准及软件开发能力优势。

（2）标准。依托设计院与 BIM 咨询单位的既有市政工程数字化管理标准，更流畅地实现过程的可视化协同

（3）贯通。将建设、设计、施工、监理等相关方统一纳入 BIM 数字化实施体系，并由 BIM 第三方关注交付运维的需求导向。

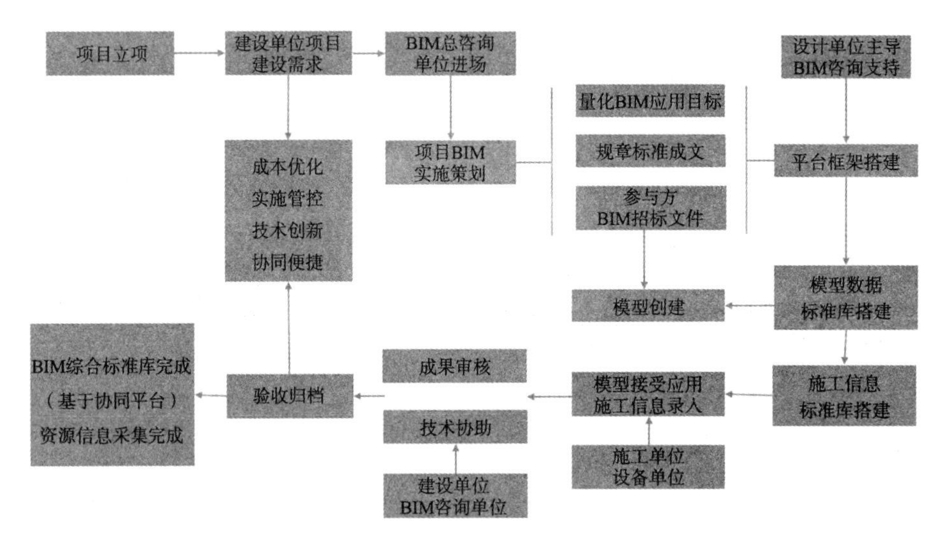

图 7–1–1　项目实施架构图

（4）数字。以数据驱动管理进场，以可视化降低管理难度，将数模进行“对应式”结合，从项目管理和运维需求倒推数据建立过程。

图 7–1–2　项目 BIM 数字化突破与实施方向

三、BIM数字化实施流程说明

1. 项目实施流程

项目实施流程从主体架构、设计、物资、施工、运维等方面进行介绍。

（1）优先明确项目建设、设计、施工、监理等各方权责，采取账号制形式，形成线上项目管理组织架构。

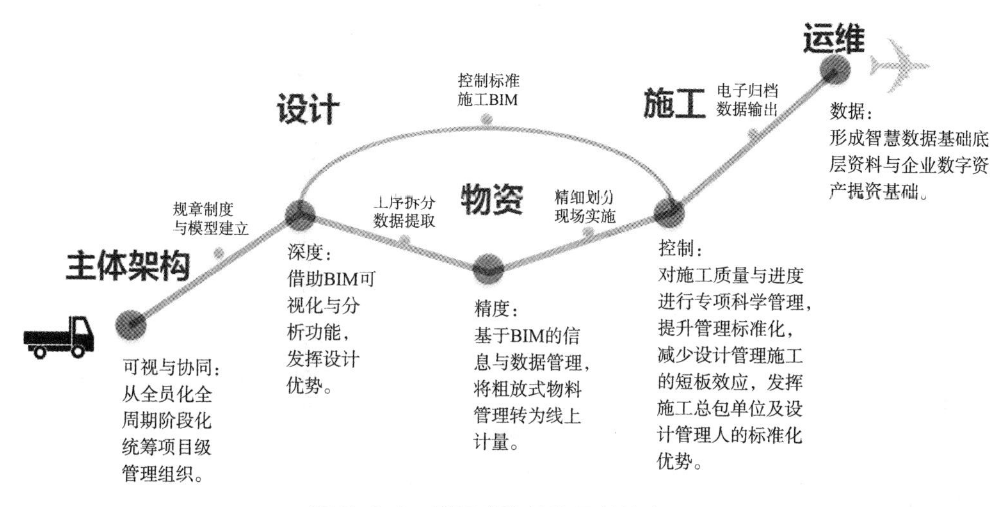

图 7-1-3　项目实施流程及关注点

（2）参建多方人员可基于可视化协同模式，在线实时沟通、讨论、记录，非正式与正式讨论同步进行。

（3）项目大事件及工程动态跟踪。对重要工序、重要现场资料、重大工程建设工艺实施实时及可视的工程动态跟踪，并做好影像资料及轨迹记录。

（4）全专业可视化浏览、批注、协同（电脑端）。

（5）电子文档管理与更新。分阶段分权限浏览下载，且实体工程资料均与模型进行关联，支持多方同时进行在线讨论。

（6）常规流程表单在线填报：项目将常规常用流程表单进行电子化，采用在线填报审核批复模式，形成项目表单库，以便后期数据检索查询。

2. 可视协同阶段可实现

（1）建立项目管理组织架构：① 优先明确项目建设、设计、施工、监理等各方权责，采取账号制形式，形成线上项目管理组织架构。② 参建多方人员可基于可视化协同模式，在线实时沟通、讨论、记录，非正式与正式讨论同步进行。

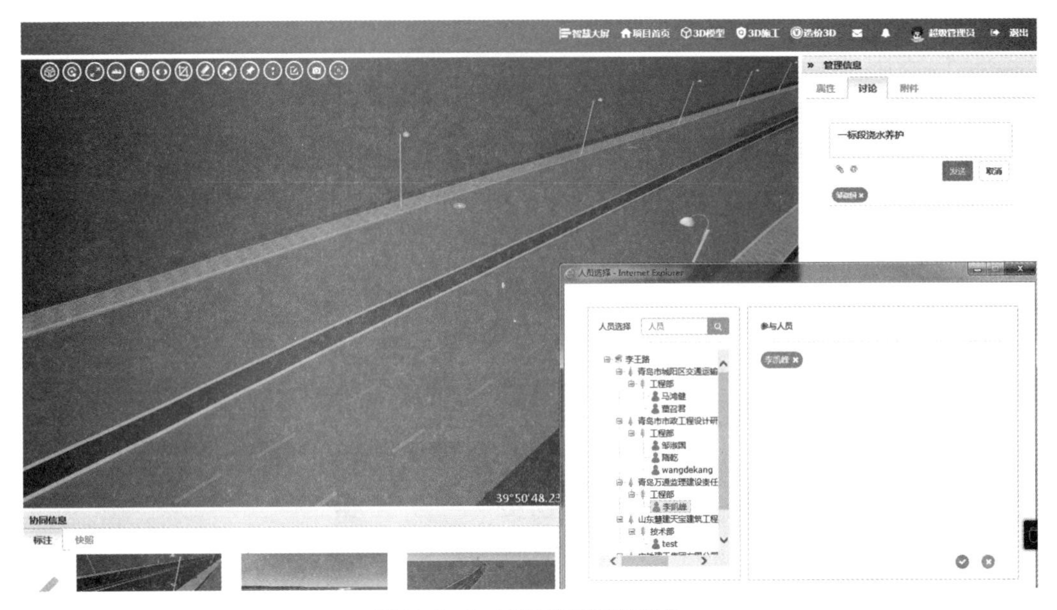

图 7-1-4　项目管理组织架构

（2）项目大事件及工程动态跟踪。对重要工序、重要现场资料、重大工程建设工艺实施实时及可视的工程动态跟踪，并做好影像资料及轨迹记录。

图 7-1-5　项目大事件及工程动态跟踪

（3）全专业可视化浏览、批注、协同（电脑端）。

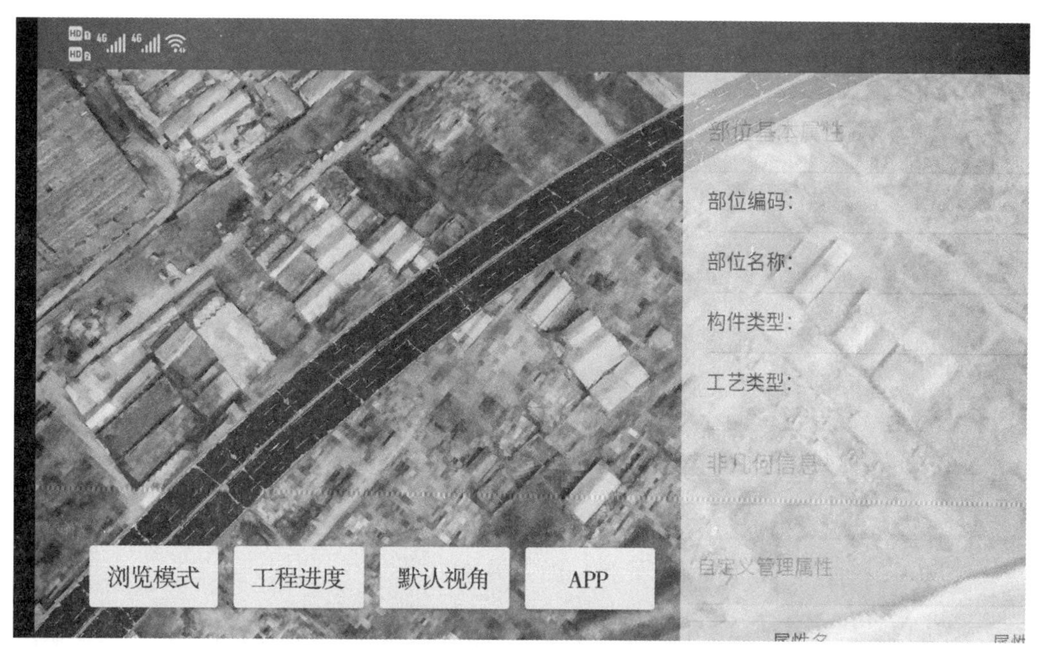

图 7-1-6　全专业可视化

（4）电子文档管理与更新。分阶段、分权限浏览下载，且实体工程资料均与模型进行关联，支持多方同时进行在线讨论。

（5）常规流程表单在线填报。项目将常规常用流程表单进行电子化，采用在线填报审核批复模式，形成项目表单库，以便后期数据检索查询。

3. 设计优化阶段可实现

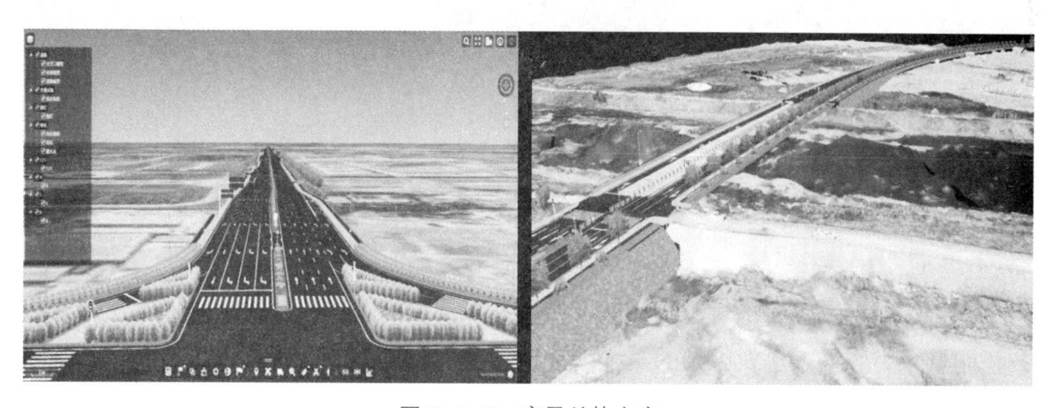

图 7-1-7　实景总体方案

（1）实景数据参照 - 总体方案优化。采用无人机航拍 +GIS 数据结合技术，采集道路周边近期实景数据，利用倾斜摄影模型与设计模型进行比对参照，优化总体设计方案。

（2）实景数据参照－线位优化及拆迁校核。采用无人机航拍 +GIS 数据结合技术，采集道路周边近期实景数据，利用倾斜摄影模型与设计模型进行比对参照，进行线位的综合优化及拆迁建筑物、数量的校核。

图 7-1-8　实景线位优化

（3）实景数据及地质资料采集。针对重点关注区域，根据勘察单位提供的勘察报告及第三方扫描测量采集数据，建立原始的三维精准地形模型，根据地质特点指导后期专业设计与施工工艺。

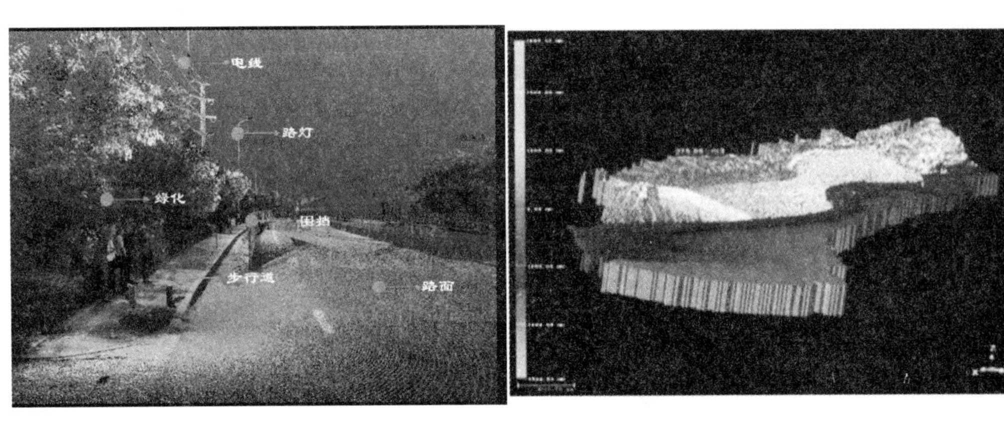

图 7-1-9　实景数据及地质资料采集

（4）原始地形创建。针对重点关注区域，根据勘察单位提供的勘察报告及第三方扫描测量采集数据，建立原始的三维精准地形模型，根据地质特点指导后期专业设计与施工工艺。

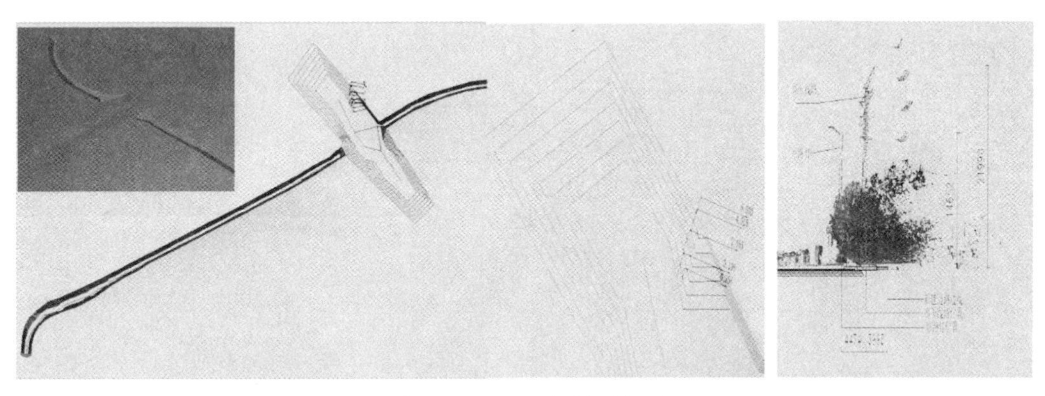

图 7-1-10　原始地形模型

（5）方案及设计阶段效果展示。全方位应用于可视汇报、方案比选、专业模拟、设计分析。

图 7-1-11　设计阶段效果

（6）方案比选。包括整体方案比选、专业（景观、路灯等工程）选型比选、道路开洞模拟等。

图 7-1-12　方案对比选择

（7）设计校核。分专业类别进行碰撞检测识别与导出，并根据无碰撞模型进行平面、立体、剖面等多视图的检查复核。

图 7-1-13　设计碰撞检测校核

（8）静态分析。基于三维模型，进行第一视角的通视效果、天际线等模拟判断。

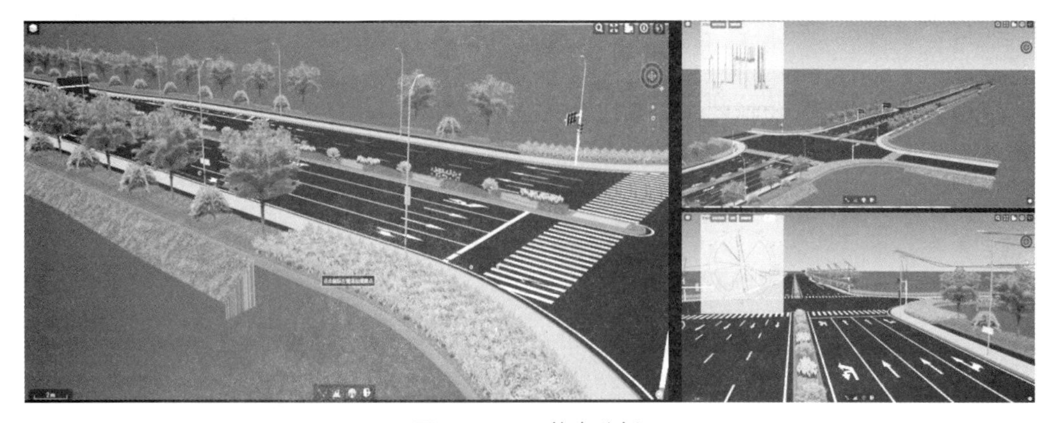

图 7-1-14　静态分析

（9）可视交流。多角度试点保存与共享，与相关方进行三维可视化交流。直观测量空间点位坐标、距离、高程、坡度等信息。

图 7–1–15　三维可视化交流

（10）施工模型创建。可实现道路工程、交通工程、景观工程、路灯工程、桥梁工程、排水工程等专业的施工模拟创建。如：① 对危险距离预警，在原有硬碰撞的基础上增加软碰撞。② 桥梁节点深化（结合施工方案）。

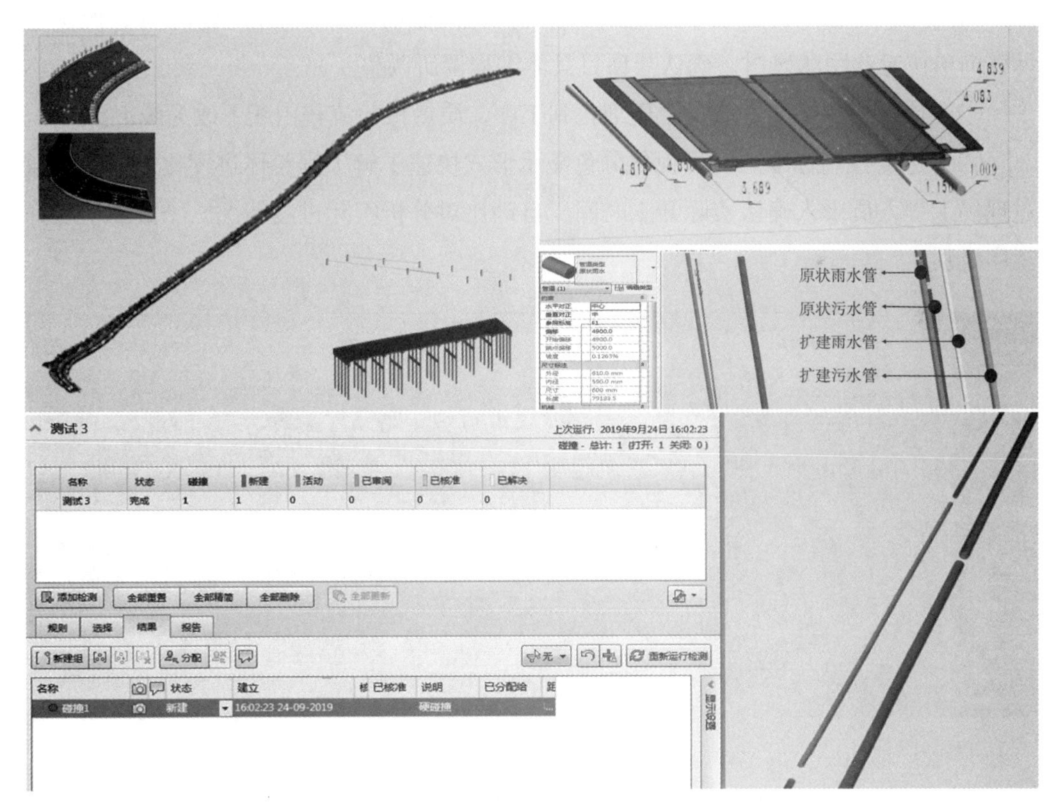

图 7–1–16　施工模拟创建

（11）设计三维优化、施工节点深化。人行道铺装节点、搭接节点、附属构筑物细部安装等。

（12）基于 BIM 的“白图”生成。为后续导入施工提供基础，更具有实用价值。

设计优化阶段应用效益：图纸质量提高，工程高效预判。

4. 物资计量阶段可实现的目标

（1）物资构件清单管理。以模型构件为基本单元，项目创建了大型物资工程量清单标准库，从设计阶段以三维构件形式进行工程量清单分解。

（2）优化物资采购流程。将现有可视化管理平台与构件的物流（车辆）系统进行关联，了解部件的生产、采购、施工、验收状态流程。

（3）成本管理计量明细。结合工期进度管理与中间计量自动统计功能，实时调取和了解现场施工形象进度与工程量情况。

物资计量阶段应用效益：物资清单明细，同步工程施工。

5. 施工管控阶段可实现的目标

（1）控制标准来源。基于企业工程管理实施经验的自有工程管理标准库，经由设计咨询单位专业团队研讨，确认与项目具体工程调研调整。

（2）质量控制标准。质量管理细化到工序，质量报验流程由线下改为线上。

（3）进度控制标准。以可视化分色显示形式快速了解工程整体进度比，同时，通过现场工程人员录入确认实际开工时间，自动比对分析实际进度情况。（最细精度到工序级别）

图 7–1–17　进度标准

（4）现场控制标准：① 与可视化协同平台同一协同体系的手机移动端，满足实时线上线下一体交流。② 危险源预判，在进行到指定工序阶段，快速识别阶段危险源及相关信息。③平台端与移动端的过程管理通过自动归档，按需形成阶段报告，用以进行监理工作汇报、形象进度记录等事宜。

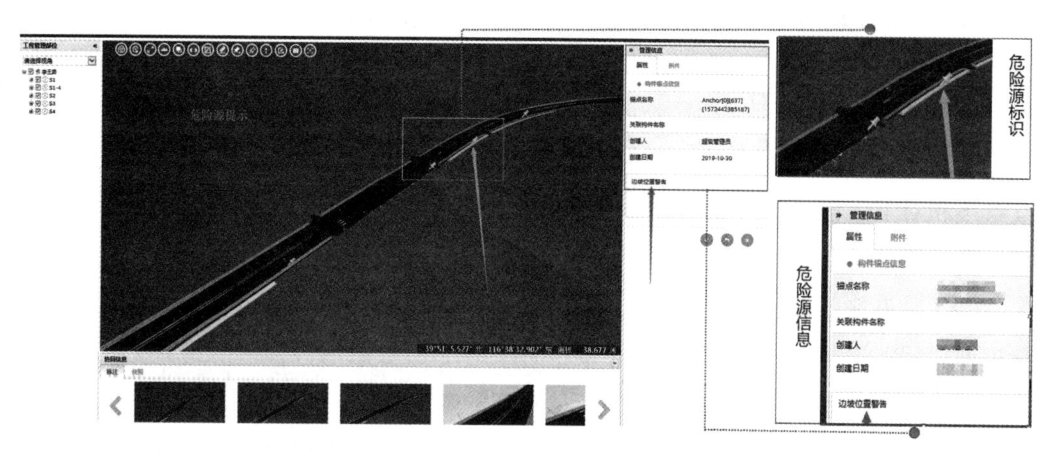

图 7-1-18　现场标准

施工管控阶段应用效益：建设过程记录，数据逆向追溯。

6. 数据运维阶段可实现的目标

（1）创建设计资料台账。基于设计院的过程多版本图纸等涉及资料，进行规整，形成可用以工程后续查询调取及企业项目图纸管理的专项台账。

图 7-1-19　设计资料专项台账

（2）创建施工信息标准库。基于施过程相关工程资料，监理施工信息工艺流程标准库，积累同类型项目管理经验，用以设计单位、施工单位的 EPC 项目管理参考。

市政专业道路及管线归档资料的准确性关系到后续关联项目的规划和施工，尤其影响常规性维护改扩建。

尤其基于 BIM 的动态传感器监测数据、运养计划数据、运养过程数据等近远期运维系统都将以路网为载体进行，数据与模型的应用价值将在后续得到发挥。

数据运维阶段应用效益：企业与项目数字档案逆向追溯。

四、主要效益分析

（1）设计升级。通过可视化协同与三维预判模拟，尤其用以与实景采集数据的交互参照和对工程相关方的汇报交流讨论，最大限度对接设计专业需求，并增加设计效率，降低设计返工率，提升设计水平。

（2）“开凿”设计 – 施工壁垒。将主要参与单位以在线架构化进行关联，以可视化模型与数据化管理进行在线协同，逐步解决项目 EPC 总承包管理模式下交流不畅、专业壁垒、异地办公等诸多障碍，发挥该模式的管理价值。

（3）数字闭合与协同。BIM 数字化可视管理平台，将工程通过模型与数据进行全周期、全员化、全专业关联，以模型加速沟通、提高管理效率，以数据驱动管理的标准化，形成可视化状态下的闭合数字管理。

（4）智慧运营基础。从前期考虑市政基础设施工程的数字档案组建准备，保留工程的原始数据资料，可查询、可追溯、可升级，同时为智慧市政运营提供基础信息。

五、协同促进技术与管理升级

EPC 总承包管理模式的 BIM 数字化技术有利于将设计或施工（尤其资深专业团队）优势更大限度发挥于工程建设管理过程中，在薄弱环节则易于以项目管理标准数据为依托来实施，从而形成优于传统管理状态下的新工程管理形式。

第三方 BIM 数字化咨询公司可从数字化方案、智能化设备、平台功需求研发等方向弥补 EPC 模式下项目各参与方的数字短板，但现阶段整体实施方向仍应以项目传统管理流程为准，优化其形式，而非核心流程。

BIM 数字化项目管理实施前期，在整体实施流程尚不成熟情况下，多方联合办公的模式有助于标准化体系的建立和加速 BIM 数字化技术的落地。

第二节　双元路拓宽工程中BIM技术的应用

一、项目概况

双元路为青岛胶东国际机场全天候保障通道，南接环湾路，北至 204 国道，是青岛市东岸城区对外出行的重要通道。该项目全长约 7.1 km，采用双向八车道、两块板断面，设置 3 m 宽中央绿化带。其主要建设内容有：道路拓宽、管线迁改和保护、墨水河桥拼宽、路灯、景观、交通及其他附属工程等。

难点一：工期紧，任务重。作为青岛胶东国际机场全天候保障通道，需与新机场同步启用，项目采用 EPC 模式建设，总周期仅 12 个月。

难点二：设计、施工制约因素多。现场条件复杂，项目临近居住区、高压线、市区原水主供水渠、高压燃气管线、国防通信管线等。

难点三：需全方位扩容增效。受新机场运营后的影响，未来双元路满负荷运营将常态化、持续化。设计时需综合考虑工程后期管理，全方位扩容增效。

难点四：施工期间交通组织要求高。双元路为市区对外主通道，施工期间不能中断交通，需考虑交通调流、临时拆迁和重要管线保护等需求，施工环境苛刻。

难点五：受机场航道影响，航拍受限。该项目紧邻现状流亭机场，无法采用传统的实景合成模式进行方案汇报及直观展示。

图 7–2–1　现场制约因素

科学制定总体计划：借助 BIM 实现密集的对外展示、汇报及多专业协同设计，科学缩短设计周期。实时控制工程投资及施工工期：结合 EPC 项目优势，开展全过程 BIM 应用，开展施工模拟，有效控制工程投资及施工工期。直观体现控制性因素及其相互关系：整合所有外部环境和控制因素，结合 BIM 技术，充分论证方案可行性。实现专业立体衔接，实时优化方案：现状地下管线复杂，借助 BIM 技术统筹考虑道路、新建墨水河桥及管线迁改之间的相互关系。借助模型及仿真，实现工程设计、建设与后期管理统一，实现全方位扩容增效。

该项目前期完成的 BIM 三维动态可视化展示、模型深化与汇报，得到青岛市市政府、城阳区交通局各级领导的好评。该项目已完成施工图设计阶段 BIM 模型，根据 BIM 模型及可视化成果，开展可视化三维技术交底。

2019 年 10 月，我们完成设计阶段全过程 BIM 建模的同时，参加了山东省勘察设计协会举办的 2019 年度《山东省建筑信息模型（BIM）技术应用大赛》，并荣获 BIM 设计类项目一等奖。

二、方案设计阶段的BIM应用

1. 基于地形 LOD 及三维建模，克服航拍难题

一是为更好地与现状结合，展现相对关系，通过地形数据和卫星影像数据制成地形 LOD，为 BIM 模型与现状融合奠定了基础，提高了后期方案汇报效果。

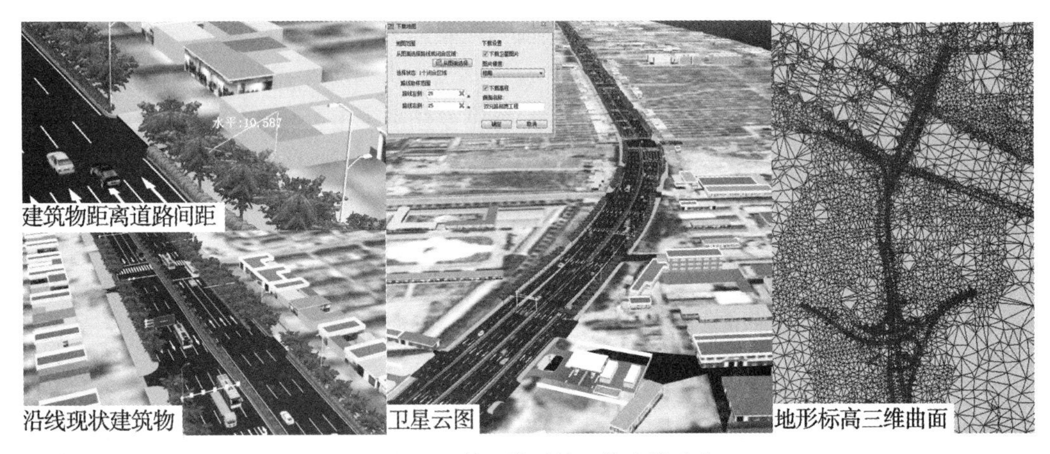

图 7-2-2　基于地形的三维建模融合

二是利用路易对现状建筑及设施建模，并与 LOD 地形相吻合，以此替代倾斜摄影，用于后期方案设计，解决了项目无法通过航拍进行实景合成直观展示方案的难题。

2. 拆迁工程量快速统计与可视化汇报

方案设计汇报阶段，可视化展示拆迁位置、房屋类型及工程量。BIM 模型与周边

虚拟建筑融合，直观展示了现状建筑与双元路拓宽位置关系，展示了拆迁具体位置。通过分析工程与建筑物位置关系，实现了拆迁工程量快速统计。

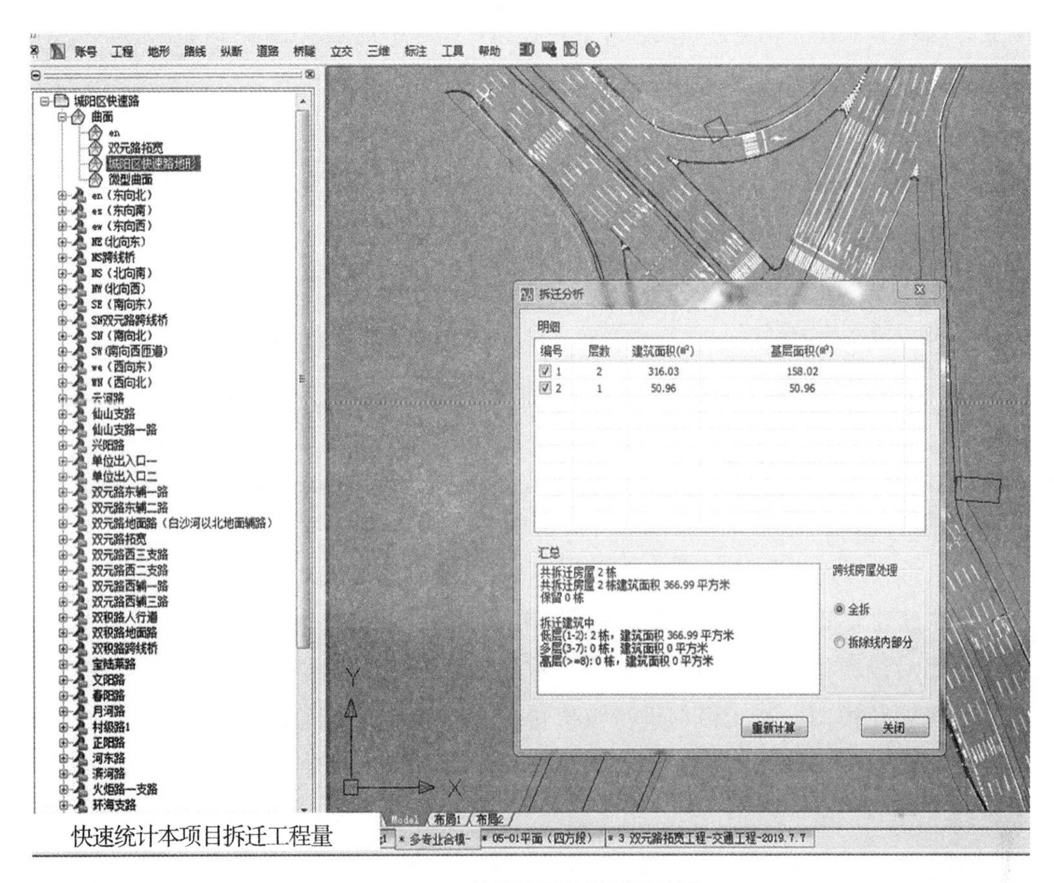

图 7–2–3　基于模型的拆迁量统计

3. 基于 BIM 模型开展三维可视化多方案比选

直观展示设计方案，综合考虑通行能力、近远期结合、征迁以及景观效果，确定了推荐方案。

参数或功能	两块板、8 m中分带	两块板、3 m中分带	一块板、不设中分带
交通功能	通行能力提升一倍	通行能力提升一倍	通行能力提升一倍
用地条件	红线宽50 m	红线宽45 m	红线宽43 m
交通安全	绿化带分隔对向行车，中央设行人二次过街，保证行人过街安全。	绿化带分隔对向行车，中央设行人二次过街，保证行人过街安全。	护栏隔离对向行车，易眩光、安全性较差；行人二次过街安全性差。
景观效果	8 m中分带，景观效果好	3 m中分带，景观效果较好	无中分带，景观效果差
管迁、征迁及实施难度	管迁、征迁影响大、工程实施难度大	管迁、征迁影响较小，工程实施难度适中	管迁、征迁影响小，工程实施难度小

图 7–2–4　综合因素考虑下的方案比选

4. 北端落地点衔接方案可视化汇报

通过 BIM 三维模型，动态、直观地展示了南端立交与该项目的衔接方案及工程量变化情况。通过 BIM 技术优化双元路与双积路立交北端落地点方案由主线（双六）+ 地面辅路（双四）渐变为双向四车道，调整成为主线（双六）+ 地面辅路（双四）渐变为双向八车道，解决了原设计方案存在路口瓶颈的问题。

图 7-2-5　可视化助力方案汇报

5. 快速建立单位出入口模型、模拟交通行驶轨迹

道路沿线现状开口数量 150 余处，通过路易软件快速建立单位出入口模块，生成三维可视化模型；基于模型进行模拟转向交通轨迹，合理调整出入口宽度，最大限度地降低单位车辆出入或转向对主线交通的影响，并合理设置交通标志和施划导流标线。

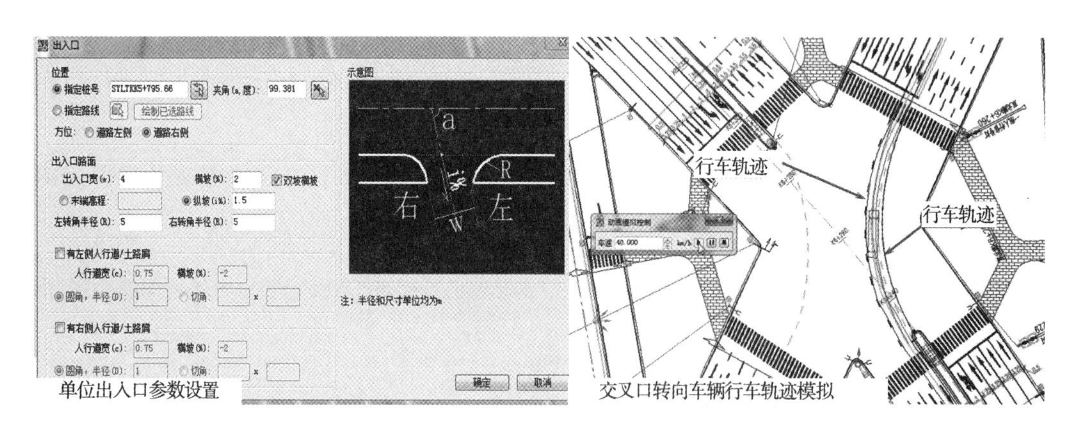

图 7-2-6　沿线单位出入口及交通组织模拟

6. 建立现状管线模型，结合道路拓宽确定迁改方案

在方案阶段，依托管线调查资料，建立现状管道模型，并与道路、景观模型结合，进行早期方案研究；依托各专业成果，确定现状管线对道路等其他专业影响，优化迁

改方案。

图 7-2-7　建立全线现状管线模型

7. 多专业集成与轻量化汇报系统方案汇报

设计阶段依托鸿城 BIM+GIS 平台，实现了设计阶段多专业协同设计，完成的轻量化汇报项目共涉及四个部门、六个专业的 BIM 协同设计。利用鸿城平台进行成果合成，展现多专业协同关系。利用鸿城 BIM 集成平台，将总体道路、交通、管网、景观、路灯等专业内容进行展示，实现路廓范围内建设内容的全方位 BIM 整合和模型轻量化同步展示。

8. 全线虚拟仿真漫游

实现全线、全专业、全元素的虚拟仿真漫游，查看专业之间的协同设计成果，检查各专业相关设施的完整性、合理性。

图 7-2-8　总体方案虚拟仿真漫游

三、施工图设计阶段BIM技术应用

1. 路基、路面 BIM 模块参数化设计

一是分段细化道路断面形式、路面结构及附属结构。该项目车行道共涉及 106 种不同宽度断面，详细定义多类路面结构（包括现状罩面 + 拓宽段 + 新旧路搭接段），实现工程量快速统计。

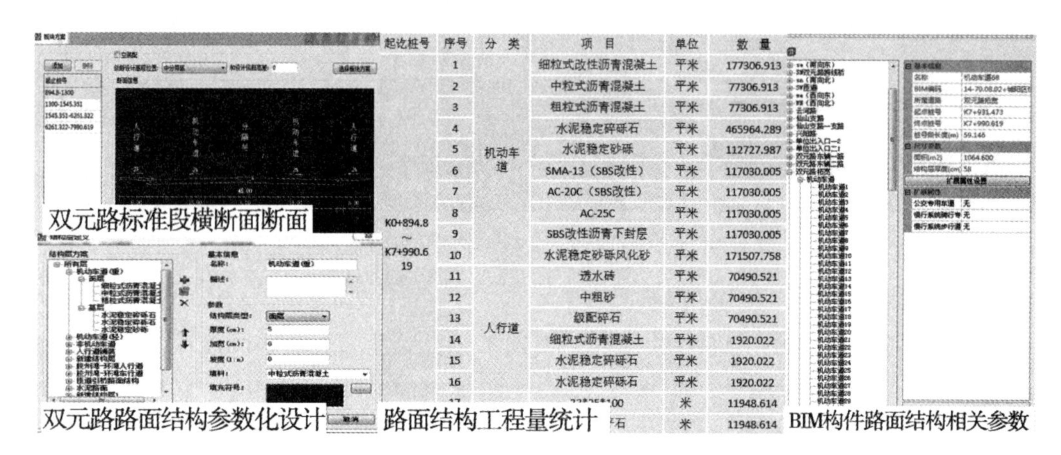

起讫桩号	序号	分类	项目	单位	数量
K0+894.8 ~ K7+990.619	1	机动车道	细粒式改性沥青混凝土	平米	177306.913
	2		中粒式沥青混凝土	平米	77306.913
	3		粗粒式沥青混凝土	平米	77306.913
	4		水泥稳定碎砾石	平米	465964.289
	5		水泥稳定砂砾	平米	112727.987
	6		SMA-13（SBS改性）	平米	117030.005
	7		AC-20C（SBS改性）	平米	117030.005
	8		AC-25C	平米	117030.005
	9		SBS改性沥青下封层	平米	117030.005
	10		水泥稳定砂砾风化砂	平米	171507.758
	11	人行道	透水砖	平米	70490.521
	12		中粗砂	平米	70490.521
	13		级配碎石	平米	70490.521
	14		细粒式沥青混凝土	平米	1920.022
	15		水泥稳定碎砾石	平米	1920.022
	16		水泥稳定碎砾石	平米	1920.022
				米	11948.614
				米	11948.614

图 7-2-9　细化道路断面形式、路面结构及附属结构

二是结合三维地质分段建模，实现路基处理相关工程量一键统计。对不同地质段路基处理范围及处理深度进行建模，实现路基处理工程量一键统计，快速完成路基工程量计算。

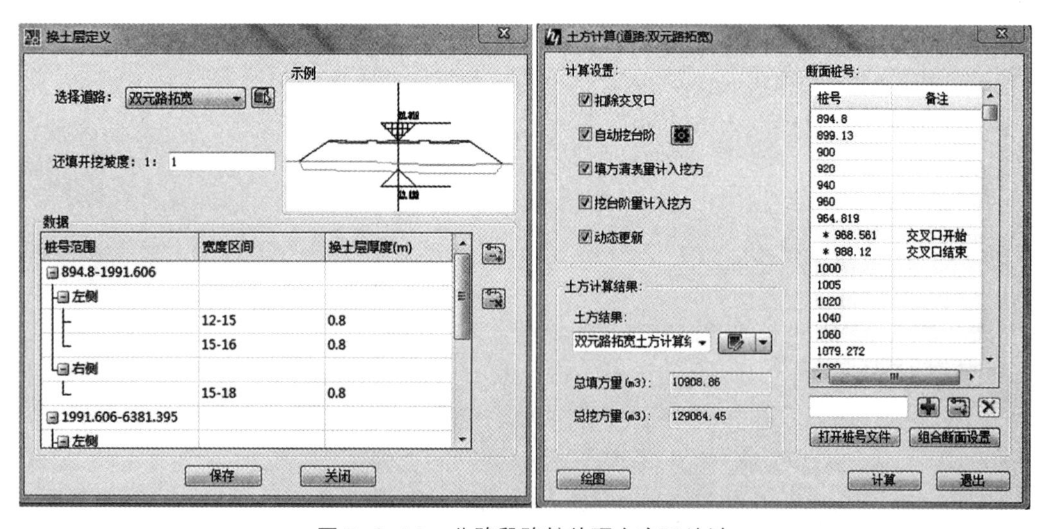

图 7-2-10　分路段路基处理方案及统计

三是针对道路细部节点开展精细化设计。基于前期建立的模型，对道路细部节点进行精细化建模，如复杂路口、中分带端头二次过街、无障碍设施等节点，模型精度满足指导现场施工的要求。

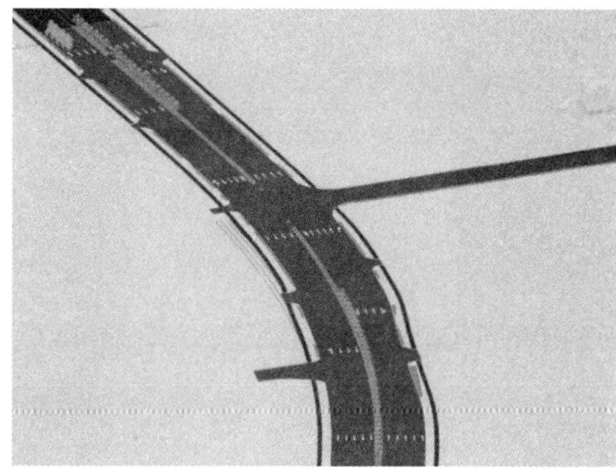

图 7–2–11　参数化细节设计及典型交叉口设计

2. 道路平、纵、横深化设计

道路平、纵断面详细参数化设置与超高加宽参数化设计基于 BIM 模型，对全线超高、交叉口竖向等细部开展深化设计；将深化设计 BIM 模型提交给校核、专业负责人，对成果进行校核复核，验证数据是否准确。根据 BIM 模型校审后调整结果，基于 BIM 模型完成二维出图。

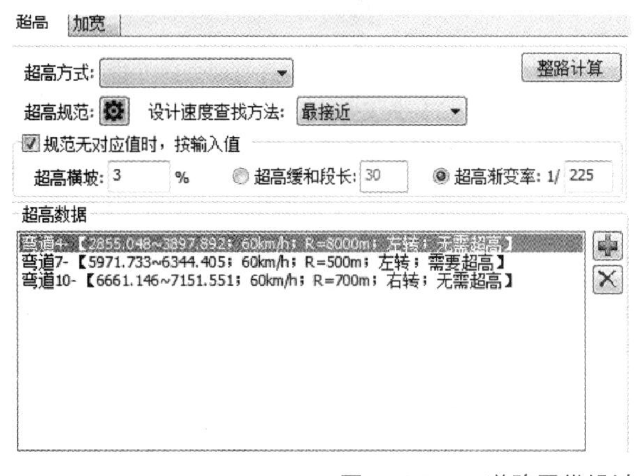

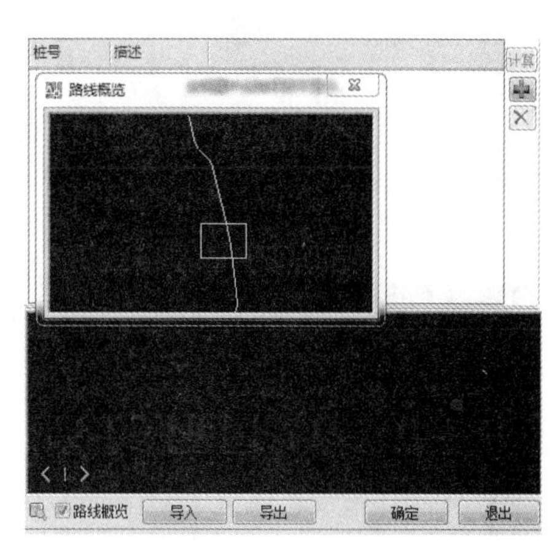

图 7–2–12　道路平纵设计参数深化设计

3. 设施杆件优化整合设计

本着节约投资、提升道路各类设施空间利用率的原则，对沿线各类设施进行统一整合。通过多专业可视化校审工作，将各类杆件（电子警察、监控、标志标线和路灯）设施 88 处整合为 32 处，节约了工程投资，实现杆件设施系统化、集约化、一体化，净化了道路视觉空间。将整合后的模型同步用于可视化施工技术交底。

图 7-2-13 可视化杆件整合

4. 桥梁结构工程 BIM 模块参数化设计

一是实现桥梁结构参数化设计，建立桥梁细部节点模型，并导入相关结构软件进行计算。导出三维数据到 Midas Civil 等专业有限元软件进行三维结构分析计算，简化了三维分析模型的建模工作，促进了结构分析计算效率。

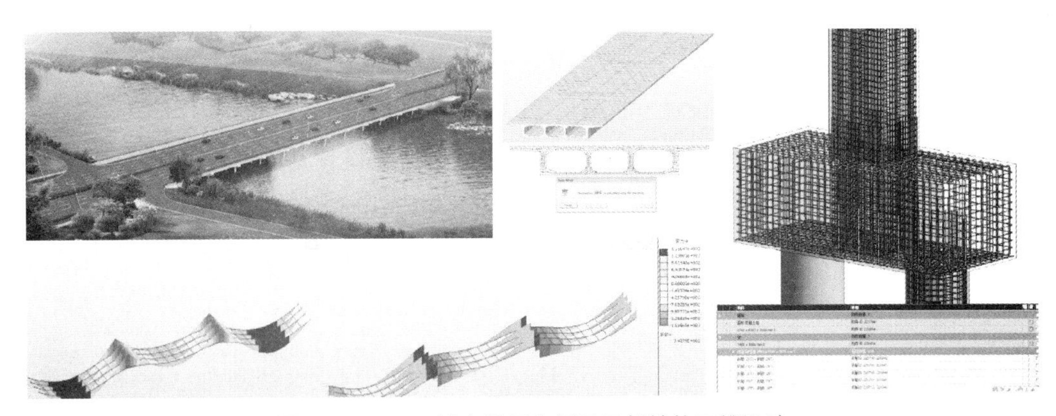

图 7-2-14 三维有限元分析及下部结构三维设计

二是对桥梁关键节点开展施工模拟，有效控制期。

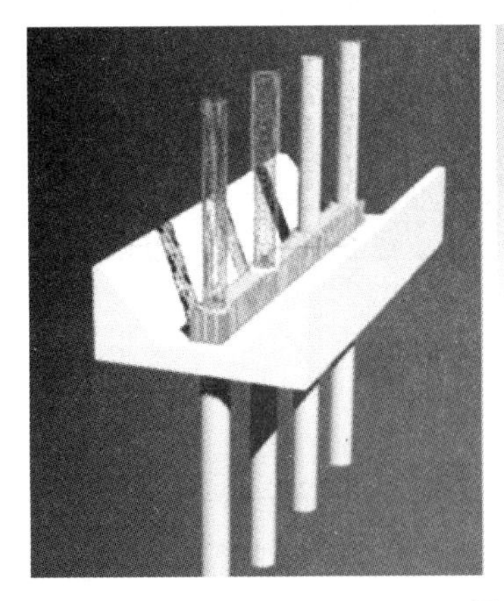
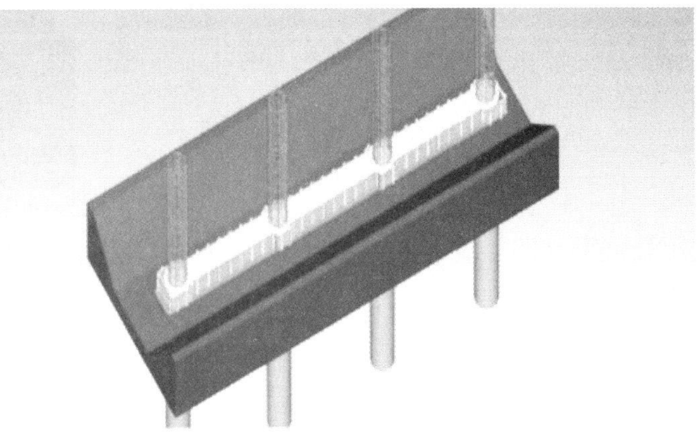

图 7-2-15 桥梁关键节点施工模拟

5. 管线工程迁移碰撞检查与优化

通过管线专业 BIM 合模，碰撞检测现状、规划及迁移管线的平面及竖向关系，直观显示各专业管线是否冲突；各专业管线间互提条件，通过可视化视口调整标高、交叉垂距优化管道交互关系。

通过 BIM 设计体现大沽河输水暗渠结构与两侧管道的关系，直观体现市政管线支管对结构的穿越。

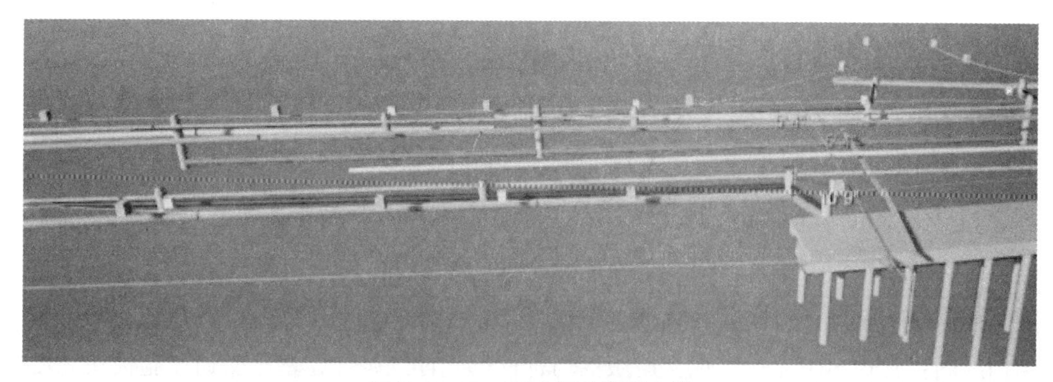

图 7-2-16　BIM 设计管线支管

6. 基于 BIM 精细化建模，突破景观专业设计壁垒

进一步完善了景观专业模型族库，实现了景观工程快速模型。通过与其他专业合模实现建成后全专业、全元素显示，所见即所得，大幅提高了设计效率。

景观设计模式由常规的二维出图 + 施工期汇报升级成为 BIM 实景模型 + 二维平面图计量 + 施工期按模型施工，提高了景观设计全过程工作效率。

7. 基于多专业合模，优化路灯杆件布置及外观

基于 BIM 模型各专业协同设计，整合优化设施杆件，减少了杆件数量、节约了工程造价，净化了道路视觉空间。同时，结合合模成果，依据现场景观效果，合理选择路灯样式。

8. 实现 BIM 技术与施工图正向设计出图一体化

完成 BIM 技术正向设计成果，完成各专业协同校审后，开展本项目施工图出图工作。快速完成道路、交通、桥梁、管线等专业三维校审、多专业会签及一键出图，较常规出图效率有显著提高。

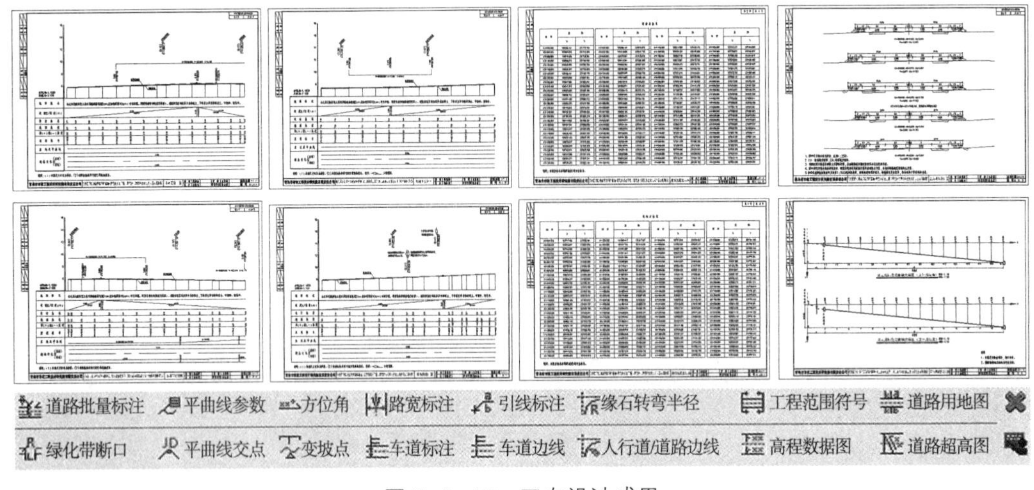

图 7-2-17　正向设计成果

9. 交通结构杆件验算、工程量统计与出图一体化

杆件结构验算：基于路易道路、交通协同设计模块，对所需杆件进行受力验算。结构出图：常规出图无法实现交通版面与杆件绑扎详细设计，基于交通设施模块完成结构验算出图一体化，并可出具计算书。工程量统计：克服了平面图数工程量的复杂过程，通过 BIM 模型一键完成交通工程的工程量统计。

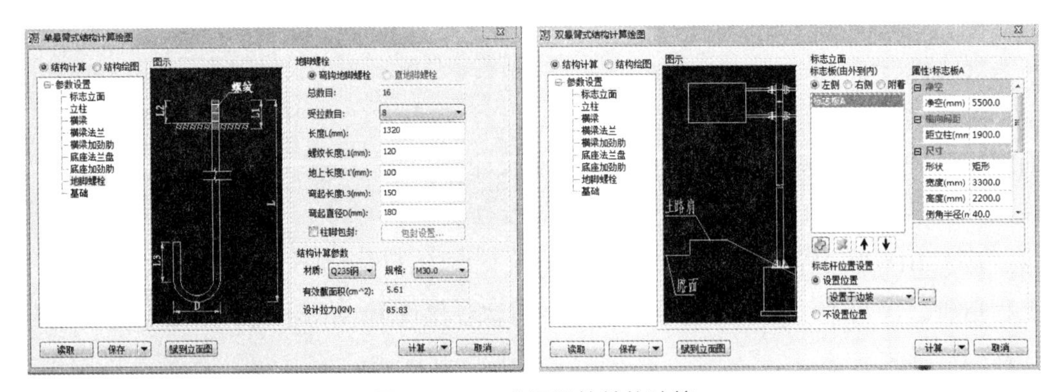

图 7-2-18　交通设施结构计算

10. 三维可视化设计交底

采用 BIM 模型成果，施工图设计三维可视化技术交底。通过采用 BIM 模型进行方案汇报和施工图成果交底可视化展示，得到了建设单位及相关部门的高度肯定。

图 7-2-19　利用模型现场施工图交底

四、BIM技术创新与拓展应用

1. 通过 BIM 模型合模成果，完成了多专业协同校审

基于鸿城平台 BIM 合模成果，实现上下游专业数据互通，在协同设计基础上，进行 BIM 模型成果校审、会审工作。通过协同设计平台，项目组成员可系统查看所有专业设计成果，避免冲突，提高了后期出图效率；模型校审成果应用于二维施工图出图和三维可视化设计交底。

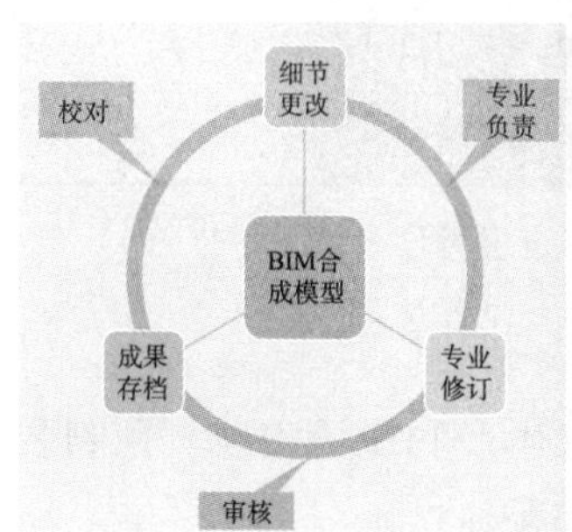

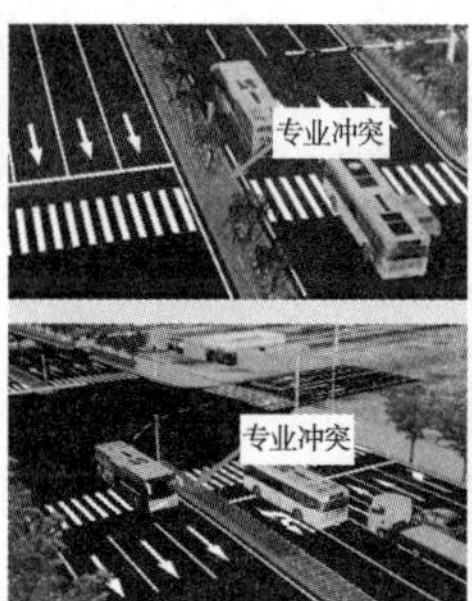

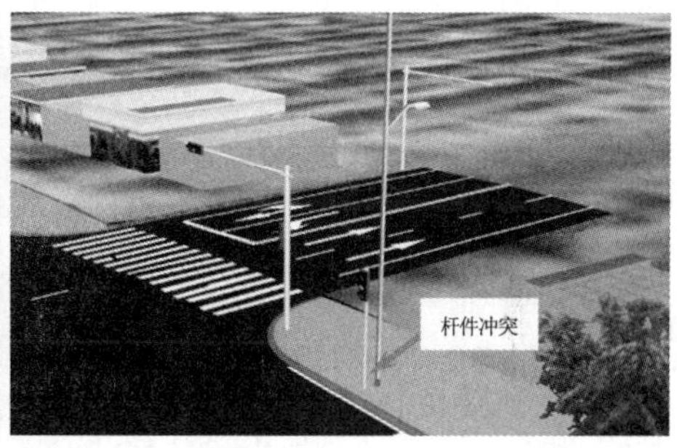

图 7-2-20　基于鸿城平台的多专业协同校审

2. 自主研发了全生命周期 BIM 云集成平台

设计阶段 BIM 模型成果可以直接传导至该项目团队自主研发的 BIM 协同管理平台，继续深化开展施工阶段 BIM 模型。

施工阶段 BIM 模型进展：结合设计阶段模型统筹搭建 BIM 建管平台，结合模型开展施工阶段模型及工程管理，真正实现从设计到施工的 BIM 数据互联互通。

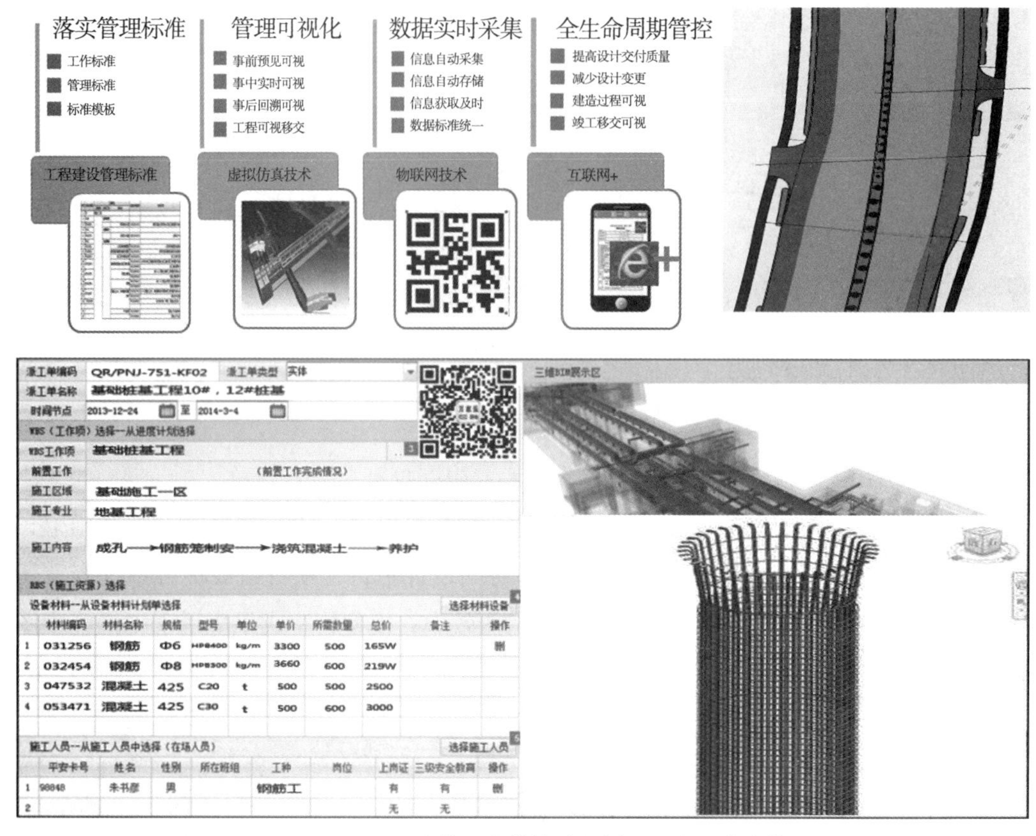

图 7-2-21 BIM 建管平台模块功能划分及资源进度管理

3. 基于数字化模型，实现了异型路缘石批量化预制加工

基于 BIM 数字化模型，完成了异型路缘石批量化加工生产和现场安装。预制装配式路缘石项目成果已成功申报山东省住房和城乡建设厅课题项目。

图 7-2-22 数字化工厂加工及现场预制拼装

4. 首次实现景观模型的快速动态建模及实时调整

进一步完善了景观专业模型族库，实现了景观工程快速模型，通过与其他专业合模实现建成后全专业、全元素显示，所见即所得，大幅提高了设计效率。在 BIM 模型展示过程中，可根据建设单位意见对景观模型的快速、动态调整，提高了汇报效率。

图 7-2-23　完善景观族库同步实现快速模型化

5. 结合模型开展 Vissim 仿真，优化交叉口设计

结合模型对沿线正阳路、文阳路等主要路口开展 Vissim 仿真，动态调整节点信号灯配时，实现工程设计与后期管理的一体化。

6. 基于鸿城网络平台，有效整合其他项目 BIM 成果

基于鸿城网络平台，通过有效整合其他项目 BIM 成果，建立了三维城市空间模型和城市信息 BIM+GIS 信息数据，为青岛市智慧城市建设奠定了基础。

五、应用总结

（1）通过 BIM 技术，可快速完成总体方案阶段的多方案比选，轻量化动态展示不同设计方案。

（2）基于鸿城（BIM+GIS）平台系统，实现了多专业协同校审工作，克服了校审人员对二维图纸逐一对照存在的缺陷，提高了校审效率。

（3）BIM 的正向设计工作，提高了施工图出图效率，该项目道路工程出图量达 70%，同时有效降低了后期施工阶段的设计变更。

（4）建立施工期间交通调流方案 BIM 模型，直观展示了不同施工阶段的交通组织，通过轻量化成果展示，提高了汇报效果。

（5）基于手机移动网络端，各参建方可随时、随地对模型成果查看，可用于竣工实体模型与 BIM 模型可视化对比分析，确保了竣工实体模型和设计成果的一致。

（6）实践应用证明，近年来随着 BIM 项目的积累，工程项目汇报效率得到提升，为企业带来了切实可见的经济效益。

第八章

BIM 技术在景观设计中的应用

第一节　青岛国际院士产业核心区先导区景观中BIM技术的应用

该项目基地位于青岛市李沧区院士港区域内，场地西侧紧邻合川路，东侧紧邻武川路，南侧紧邻九水东路，占地面积约 8×10^4 m^2。该片区为李沧区委、区政府坚持创新驱动和人才优先发展战略而打造的国际一流、世界首创的院士聚集区。

该项目遇到的问题：自然环境如何影响方案构思；景观专业如何服务好建筑主体，保证项目有效对接；设计单位应该如何量化设计，为业主、施工单位之间的沟通与平衡提供更直观的可视化数据依据。

一、项目特点

1. 地处交通主干道，周边住宅、商业密集

该项目位于主要道路交叉口，周边路网密集，建筑物多。对现状环境的精确模拟是设计思考阶段的必要工作。

2. 场地内有三处地下三层的下沉广场，且均为焦点景观节点

常规设计手段不适合此处景观效果与建筑关系，BIM 信息模型恰好可以辅助设计师克服对场地地形的直观感受误差，优化设计过程。

图 8-1-1　项目周边性质、下沉景观广场

3. 内外专业交叉多，地上地下制约因素杂

该项目是新建园区的配套景观设计，同时存在管线设计、燃气电气设计等地下专业，容易出现建筑物地库顶板与景观地形的冲突问题。

4. 项目为产业核心区先导区，建设方对项目非常重视

由于该项目的重要性，建设方要求有景观设计的地方就要有效果图，效果图什么样，竣工后就什么样；基于BIM信息模型，可以直接输出效果图、全景图。

图 8–1–2　项目产业核心先导区制约因素复杂

二、BIM技术应用路线

1. 应用路线

在前期的应用过程中，景观专业已经实现在方案阶段利用Rhino+Grasshopper参数化建模及地形、自动分析雨水径流方向生成分析图；建立河道水景观模型，仿真模拟二十年一遇、五十年一遇景观淹没情况；铺装、挡墙、栏杆建立模块化断面组件，提高建模效率，降低材料成本；完全自动的信息统计与出图功能，将人员从重复性的劳动中解放出来，可以把更多的精力放在设计环节。

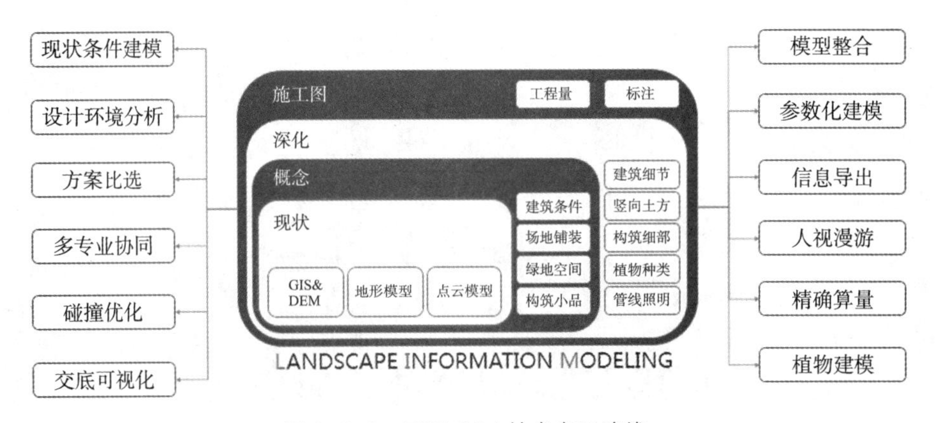

图 8–1–3　项目 BIM 技术应用路线

结合以往经验和项目本身的需求，在项目前期拟定适合项目的应用路线，形成环环相扣放射状的 BIM 工作流，区别于传统的线性工作流程。

2. 软件选择

主要选取 Vectorworks、Landsdesign 等软件进行模型创建、通过 Revit 来进行其他专业模型的转换，通过 Mars、Lumion 进行效果表现、环境分析，通过软件一键成图纸，结合需求利用 AutoCAD 进行图纸深化。

图 8-1-4　项目主要软件应用

三、BIM技术应用亮点

1. 现状空间建模

通过 Lands Design 中的地理空间工具，抓取项目基地现状的空间 GIS 模型，结合建筑体块在地形模型上做现状的分析，不用再凭空想象，可以直观地推敲建筑在周边环境的空间关系。

参数：测绘数据，设计等高线等各类地形特征要素。

软件：Landsdesign for Rhino。

过程：利用 Rhino 抓取项目基地现状环境模型，生成初步地形模型，根据建筑专业提供的前期体块模型进行项目初期的空间关系、景观节点细致推敲。

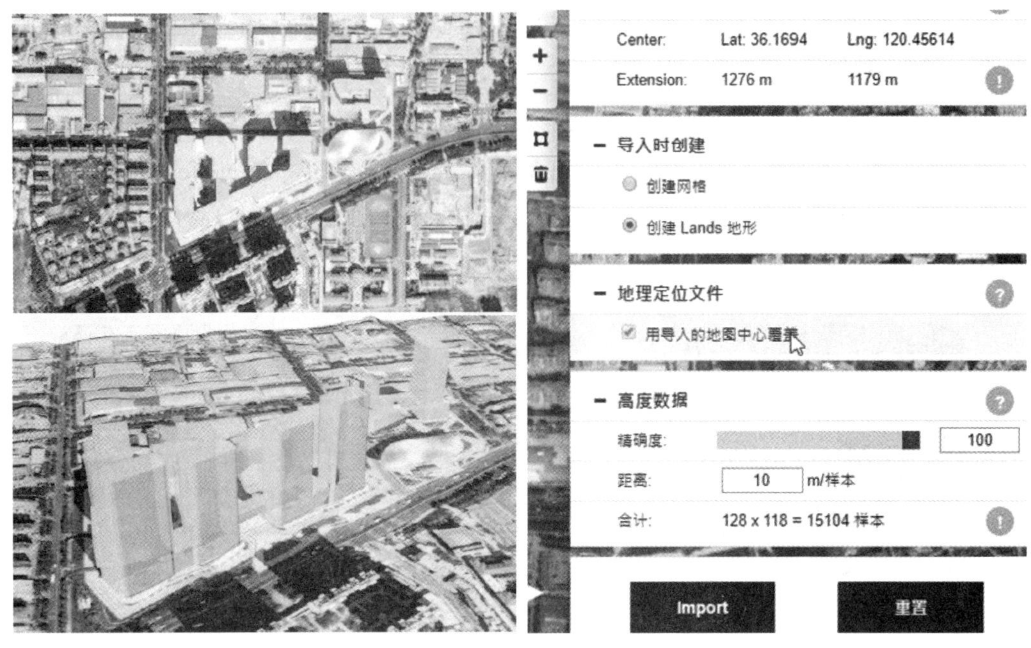

图 8-1-5　空间关系、景观节点的环境模型分析

2. 建筑合模

建筑专业提供的高精度模型比以往项目的二维图纸能够传递更多的项目信息。结合建筑模型，做到了从建筑剖面延伸出景观，再从景观回归建筑立面的协同设计，保证主题融合，理念统一，从而达到景观效果最优。

软件：Revit → Vectorworks/Lumion。

优势：该项目建筑设计为上海建工集团有限公司，根据其提供的建筑定稿模型，直观反映建筑周边空间关系，根据建筑模型进行周边景观设计，真正做到了建筑—景观—建筑的协同设计，保证景观效果最优。

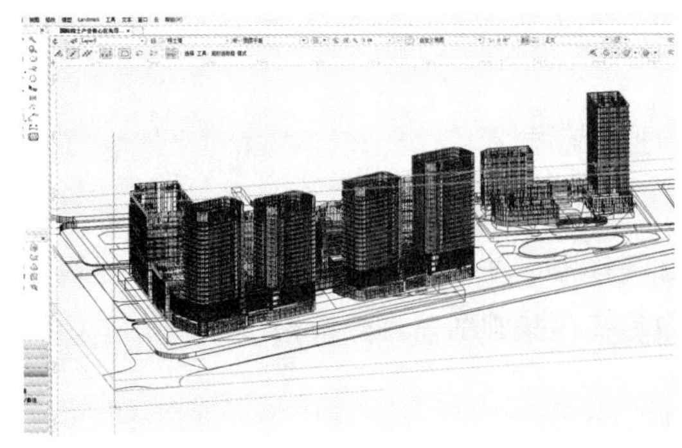

图 8-1-6　建筑—景观—建筑的协同设计

3. 观景视线分析

结合建筑模型，进行大量可视化的分析，比如从裙楼楼顶、高层内办公室、酒店客房等多区域内看向内部下沉广场的视线范围分析，这些分析把设计者设身处地地代入环境，从理论中跳脱出来，告诉甲方这里是视觉焦点，所以在这里进行了重点设计，让景观方案更具说服力。

软件：Rhino、Vectorworks。

过程：方案阶段快速可视化模拟与分析，辅助方案优化。

优势：结合建筑模型可视化的视线分析帮助设计人员从理论中跳出来，代入环境设身处地地研究视线范围，在汇报中使设计更有说服力。

图 8–1–7　结合模型的观景视线分析

4. 光照模拟

对一天中不同时间段里，太阳对建筑周边环境的影响进行了进一步的评估和研究，通过模型进行光照模拟，使精确度远高于设计者在 Powerpoint 或者是 Photoshop 里勾勒出来的投影分析。

软件：Vectorworks 日影仪工具。

优势：通过 BIM 模型，精确分析太阳的直射角度、光照时间及遮阴程度，针对分析结果选择生长习性相符的植物，保证植物设计的合理性。

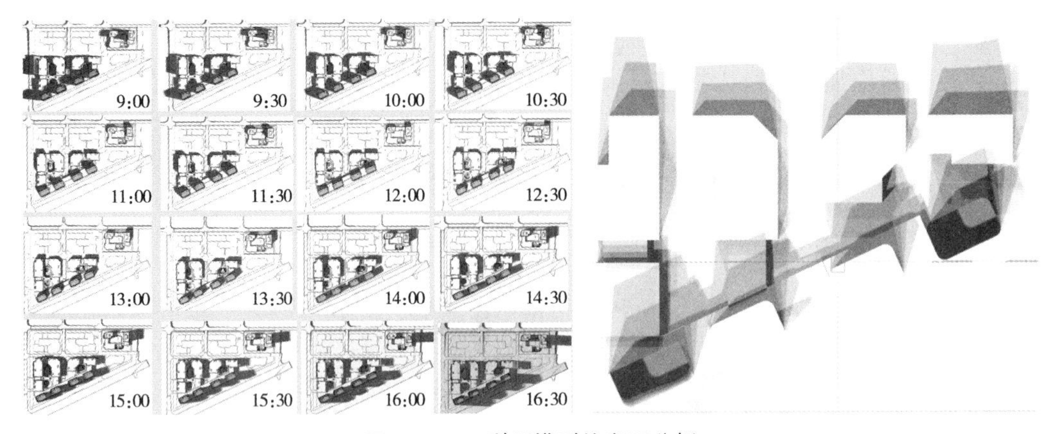

图 8-1-8　利用模型的光照分析

5. 阴影分析

从输出的光照时长图中可以直观地看到一天中的阴影时间，有些区域一天当中有 10 个小时都没有阳光，这时候设计者就需要考虑在这些区域去做一些耐阴植物的设计；有些区域可能一天当中享受阳光的时间较长，设计者就考虑设计一些喜光的植物。

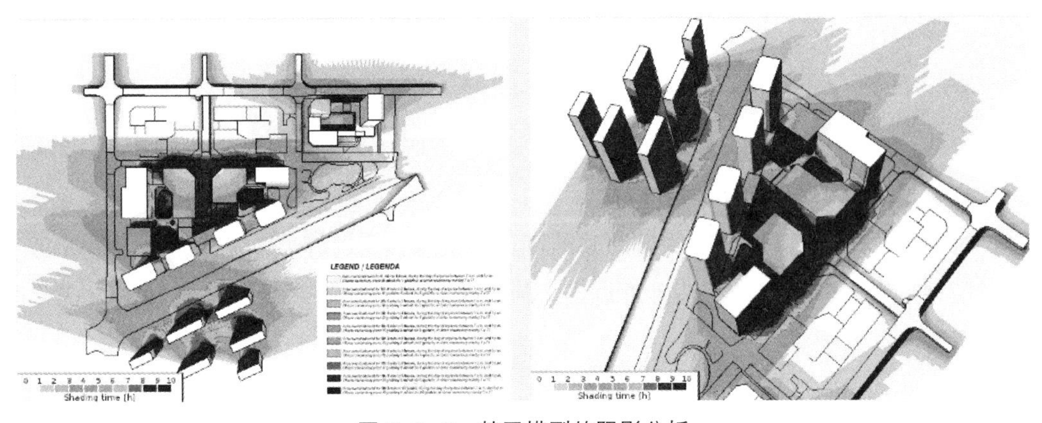

图 8-1-9　基于模型的阴影分析

优势：结合夏至日一天中精确光照时长分析图，光照长的区域选择喜光的植物，光照短的区域选择耐阴的植物，参考数据做设计，提升方案说服力。

6. 场地分析

结合前期分析结果，在模型中合理划分场地的铺装绿化区域，建筑的地下结构在模型中清晰可见，在做景观的时候可以同步考虑种植覆土厚度以及挡墙结构安全的问题，结合模型中的实时投影效果，思考建筑使用者与景观场地的关系。

参数：与园路、周边地形、植物的衔接，场地本身的竖向坡度、铺装的构造做法，挡墙的细部构造等。

软件：Vectorworks。

优势：全方位、全要素，包括地面景观及下沉广场景观，直观展示铺装、高差、植物、构筑的景观联系。

图 8-1-10　模型中合理划分场地的铺装绿化区域

7. 植物景观建模

结合在以往项目中积累的植物库，进行快速的种植建模，所见即所得，更加清晰地传递了设计思路。因为模型与数据信息是关联的，在建模完成后实时统计苗木信息呈现给建设方，直观、实时地展现了设计的植物组团在不同季节的季相变化。

图 8-1-11　植物景观模型的建立

软件：Vectorworks、Mars。

参数：原生＋自建植物库，快速选取，轻松实现片植、列植，以及不同树种搭配下的批量放置。

优势：关联苗木信息，完成建模后得到相应的苗木统计信息，实现植物种植设计所见即所得。通过 Mars 实现 VR 多场景、环境、季节的植物效果展示。

8. 方案比选

方案阶段，针对建设方意见，利用模型可视化优势在 Mars 中分别展示多绿化、多活动空间差异性方案，进行可视化的三维方案比选，其实际效果优于常规的二维效果图。

优势：方案阶段，针对建设方意见，通过精细化建模分别展示多绿化、多活动空间差异性方案，进行可视化的三维方案比选，其实际效果优于常规的二维效果图。

图 8-1-12　某节点的不同方案比较

9. 模型协同

方案定稿后，通过多专业合模，形成完整的景观模型，呈现项目整体可视化效果。根据上游专业的方案变化，发现专业间的碰撞冲突，对应地及时调整景观设计方案，优化景观效果。

景观方案：地形、铺装和场地、小品。

建筑团队：Revit 建筑构筑物。

水电团队：管立得插件输出管线模型。

植物团队：种植设计与建模。

模型整合：纳入 Vectorworks 进行整合，形成完整的景观模型。

图 8-1-13　模型整合后的方案鸟瞰

10. 人视角漫游

在项目期间对于小的方案调改，输出人视点漫游动画，通过手机发送至项目组群，实现远程异地的快速沟通交流，使项目组各方直观地感受方案变化带来的影响。

图 8-1-14　基于人视角的漫游

11. 媒体类信息从模型导出

结合建设方需求，通过已有模型直接输出效果图、平面图，无须通过平面图纸二次翻模再后期处理，大幅提升了方案设计效率。

图 8-1-15　利用软件输出效果图

对于景观专业，建设方更重视的是建成后的场地效果好不好看。通过精细化建模导出重要节点的全景视图，应用在汇报、交底等多个场景，事实证明这是有效的，也是最重要的环节，直接提高了方案通过率。

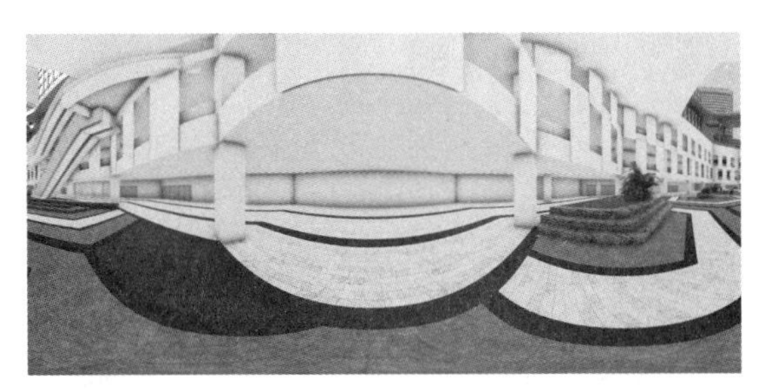

图 8-1-16　全景漫游的媒体信息展现

通过精细化建模，实现项目重要节点的全景漫游，提升了方案通过率，方便后期施工单位领会设计意图。

根据定义的组件参数自动生成完整的数据报告、项目预算，提高了工作效率，减少了反复。

四、BIM技术创新应用

1. 异形构筑物参数化建模

结合本项目需求，利用 Grasshopper 软件做到设计师不画一点一线，轻松且高效地建立异形坐凳小品构筑物，实现异形加工下料的高效辅助。同时，后续项目可以直接套用建模程序，不同形态的坐凳小品建模花费时间不到一分钟。之前，通常是通过意向图片传递设计思路，专业厂家提供小样选型。

软件：Rhino（Grasshopper）。

过程：通过 Grasshopper 中二次开发，自定义建模流程。

优势：利用 Grasshopper 参数化，做到不画一点一线，轻松高效建立坐凳小品、构筑物的模型，实现异形加工、下料的高效辅助。

2. 景观专业汇入管线模型协同设计

在该项目中，管线模型（通过插件导出 Revit 转换）首次汇入景观模型，及时发现冲突并优化景观方案，保证设计质量，减少后期反复。其中，因管线位置冲突调整绿化挡土墙长度 32 m，井盖位置冲突调整绿地边界八处。

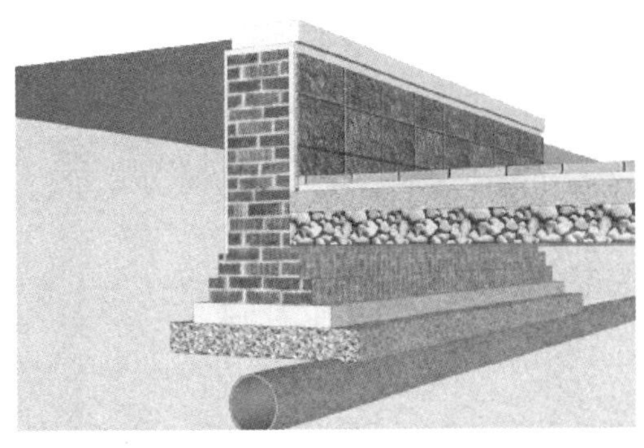
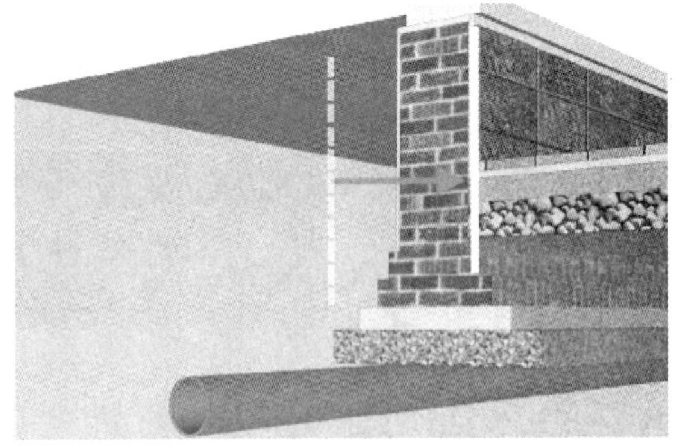

图 8-1-17　协调设计中的方案优化

3. 施工指导

项目要求高，工期紧，建设方要求施工单位按模施工，“看到的模型是什么样，建成后就应该是什么样”，将模型“从办公室带进工地”，指导现场施工，实现了设计信息的数字化传递。

图 8-1-18　模型与建成后实景对比

4. 移动全景

通过精确建模，制作全景二维活码，在移动端快速查看项目模型全景图，实现方案效果随时随地轻量化展示，支持云端调整。

图 8-1-19　移动全景轻量化展示

5. 模块化绿化种植组

结合本项目自主建模，增加园区类植物组团四组、市政类植物组团五组，后期能够实现景观种植的快速搭配和模块化设计，预计后期相同项目提升 30% 种植建模效率。

图 8-1-20　景观种植组团的扩充

五、应用效益

（1）实现 Grasshopper 参数化建模景观应用。通过二次开发，生成异形小品坐凳，直接导出 CAD 二维图纸，方便工厂进行异形加工。

（2）实现景观主导项目在景观模型中多专业协同。景观专业首次结合管线、建筑专业进行模型深化，有效发现多处专业碰撞冲突，及时调改，减少项目后期反复。

（3）针对专业特点，以正向服务项目为目的，进行景观特质的 BIM 实战。结合项目实际情况，制定应用于本项目特定的 BIM 应用计划，尝试了新软件、新技术，有效地推进了项目汇报进程，进行模型图纸会审及技术交底，保证设计意图精准传递。通过本次 BIM 实践，有效减少 15% 的项目反复，特色小品、景观节点通过模型汇报，一次定稿，部分模型直接导出图纸，减少项目 12% 的出图量。

第二节 城阳五水绕城项目景观中BIM技术的应用

一、项目概况

1. 项目区位

虹字河主河道东起虹字河水库，西至墨水河，全长8.2 km，河道宽度为12 ~ 30 m，两侧绿化带宽度为10 ~ 150 m，设计总面积为625 842 m^2，其中硬质景观面积为58 167 km^2、绿化面积为432 206 km^2、水体面积为135 109 km^2。

该工程研究内容包括景观工程、防洪工程、截污工程、结构工程及电气照明工程。

图 8-2-1 项目区位图

2. 项目特点

（1）杂。项目周边环境杂，河道穿过多种不同性质地块，宜充分利用BIM技术结合周边环境进行景观设计。

（2）大。项目体量大，“五水绕城”项目河道为城阳区绿色开放空间结构的重要组成部分，是实现生态新城理念的重要途径。

（3）紧。项目工期紧张，而且是构建海绵城市的重要组成部分，建设具有自然积存、自然渗透、自然净化功能的海绵城市是生态文明建设的核心内容，是实现城镇化和环境资源协调发展的重要体现，也是今后我国城市建设的重大任务。

（4）严。项目品质要求严格，能够为区域综合开发打好基础，提升城区的整体形象。通过河道的修复重塑，打破人和河道的隔阂，恢复河流生态系统，完善河道游憩功能，营造城市滨河景观，带动水岸经济发展。

3. 景观方案

将自然与人文生活融为一体，使虹字河成为人文的思考空间，打造成为集生态防护、居民休闲及人文体验的综合性滨水公园。

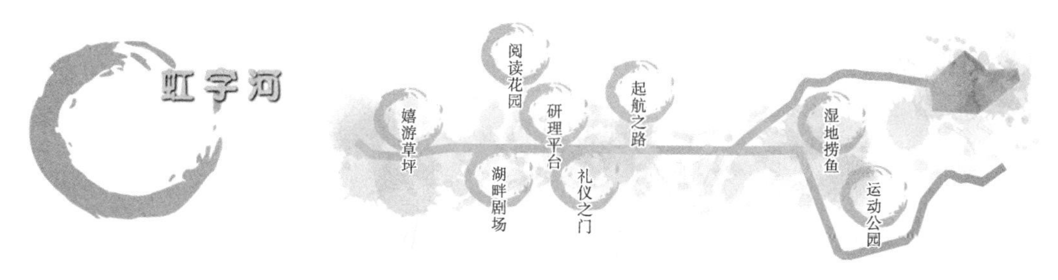

图 8-2-2　项目区位图

改造后河道将具备全覆盖的海绵体系，如图 8-2-3 所示。

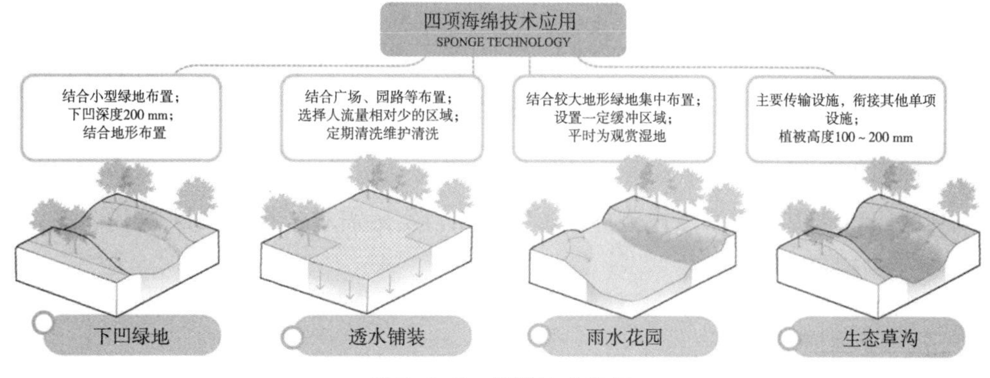

图 8-2-3　海绵技术应用

二、前期策划

1. 软件选择

图 8-2-4　软件选择

2. 技术路线

直击项目的重点、难点，通过 BIM 技术对症下药，切实解决项目实际问题。

图 8-2-5　技术路线

3. 标准化

项目组参考现行国家级规范标准，结合项目实际需求，编制项目适用的 BIM 模型标准，保证标准先行。

三、应用流程

1. GIS-DEM 高程数据预处理

获取准确的项目基地 GIS-DEM 高程模型数据。数字高程模型（Digital Elevation

Model），简称 DEM，是通过有限的地形高程数据实现对地面地形的数字化模拟（即地形表面形态的数字化表达）。它是用一组有序数值阵列形式表示地面高程的实体地面模型，是数字地形模型（Digital Terrain Model，简称 DTM）的一个分支。

项目周边地块的无偏移高清卫星图。日常使用的地图都是按照国家测绘局的要求对真实的坐标进行了一套算法加密，形成了 GCJ-02 坐标系（即火星坐标系），最终形成的地图就存在一定的偏移。

利用 Global Mapper 对 DEM 数据进行优化处理，结合卫星图截取项目区域的 DEM 高程数据将 DEM 数据中的经纬度坐标信息转成大地坐标系 UTM（WGS84），方便高程海拔高度显示。

利用 Global Mapper 生成可视化的现状地形等高线。

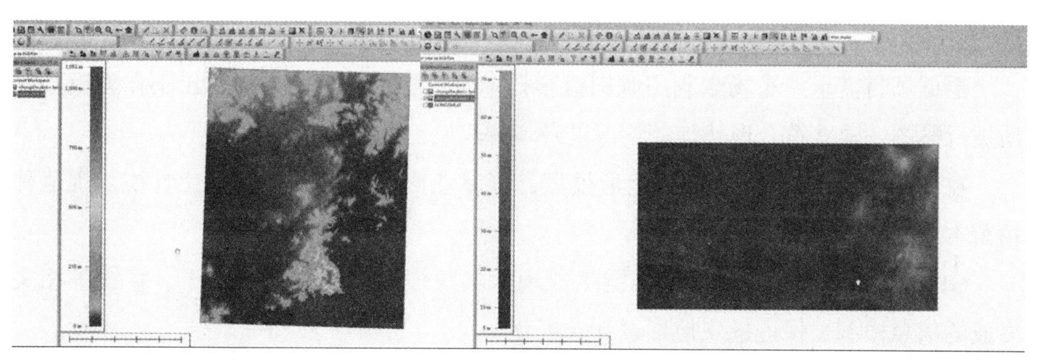

图 8-2-6　Global Mapper 中可视化的现状地形等高线图

2. 参数化建模

环境模型，如图 8-2-7 所示。

图 8-2-7　环境模型图

工程模型，如图 8-2-8 所示。

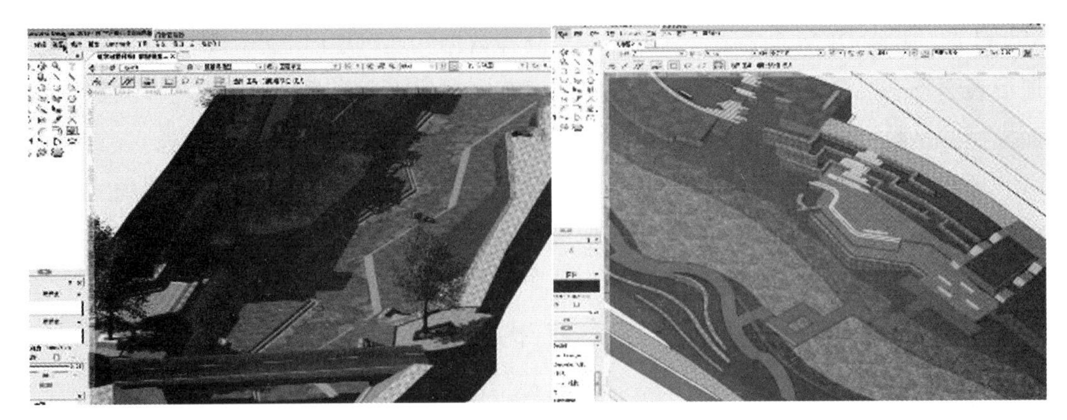

图 8-2-8　工程模型图

使用处理好的 DEM 数据自动生成现状地形模型，赋予周边环境无偏移的高清卫星图材质。

根据项目需求，小场景利用倾斜摄影技术实景建模，大场景将卫星图作为模型材质进行贴图，建立符合现状地貌情况的环境模型。

在 Vectorworks 中建立设计地形模型，多专业协同设计，合理避让管线，规范种植苗木。

GIS 数据导入 Vectorworks 一键生成现状场地模型，即时汇入水工、管线等相关专业的信息模型，保证景观地形设计合理化。

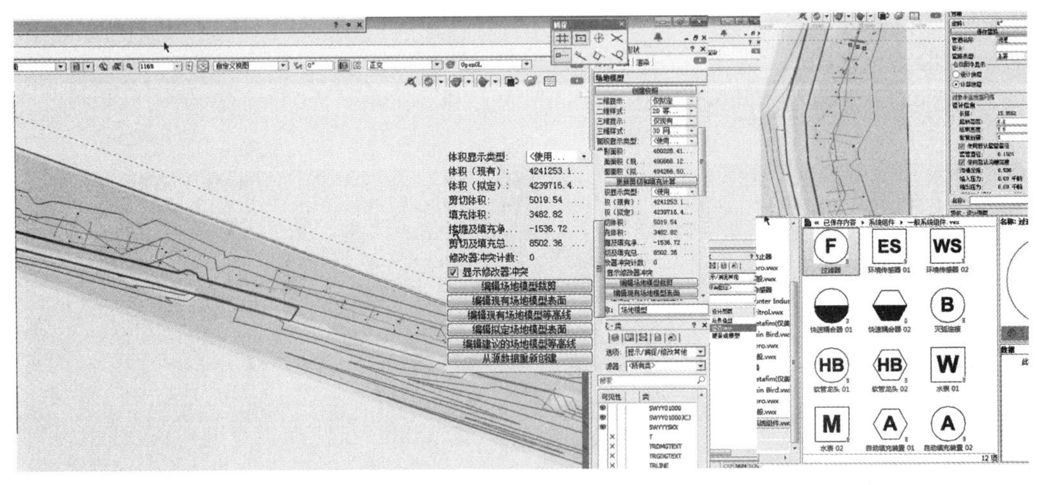

图 8-2-9　软件应用图

3. 方案比选

及时获取水工专业护岸形式，合模后结合景观专业需求，直观可视化地选择最佳设计方案。

模型的汇合能够直观地发现多专业间的需求冲突，及时调改。即时反馈，减少了项目进入后期阶段时的反复调改。

图 8-2-10　草坡入水 + 垂直护岸

图 8-2-11　垂直护岸

建立标准化护岸组件，实时演示护岸的构成形式，可视化进行方案比选。

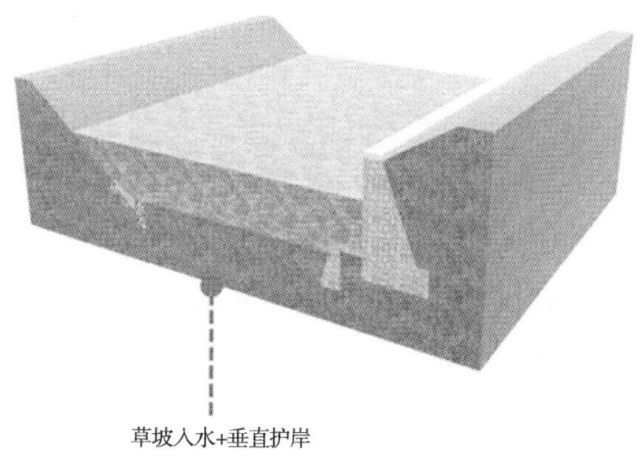

图 8-2-12　草坡入水 + 垂直护岸

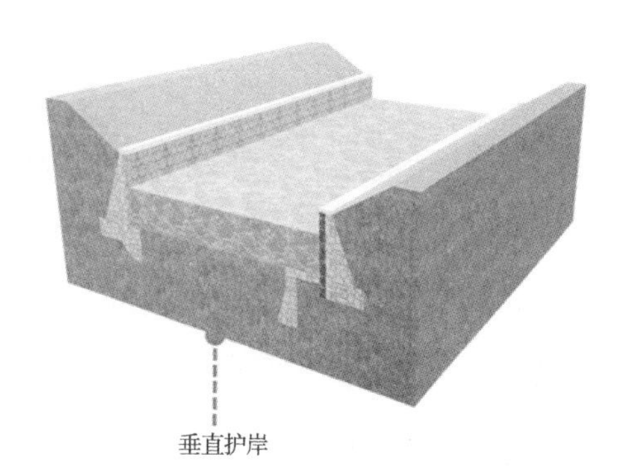

图 8-2-13　垂直护岸

建立标准化护岸组件，实时演示护岸的构成形式，可视化进行方案比选。

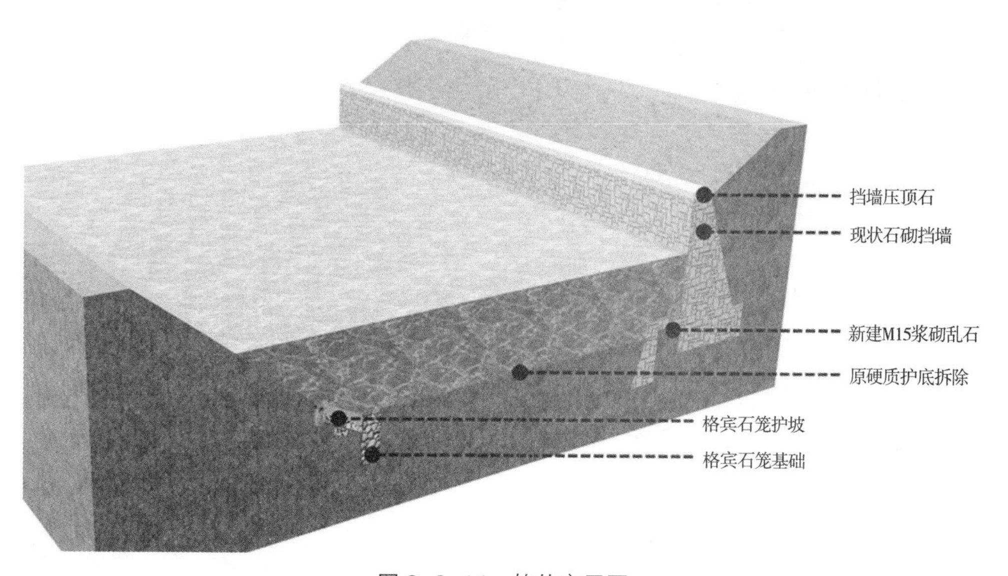

图 8-2-14　软件应用图

4. 高精度模型深化

利用高程数据参数精准生成道路园路模型，工程量自动输出；自动生成园路周边排水坡向，便于海绵城市设施进行科学选点。

铺装材料、结构形式自动赋值，实现了设计模型的数据精准、参数可控。

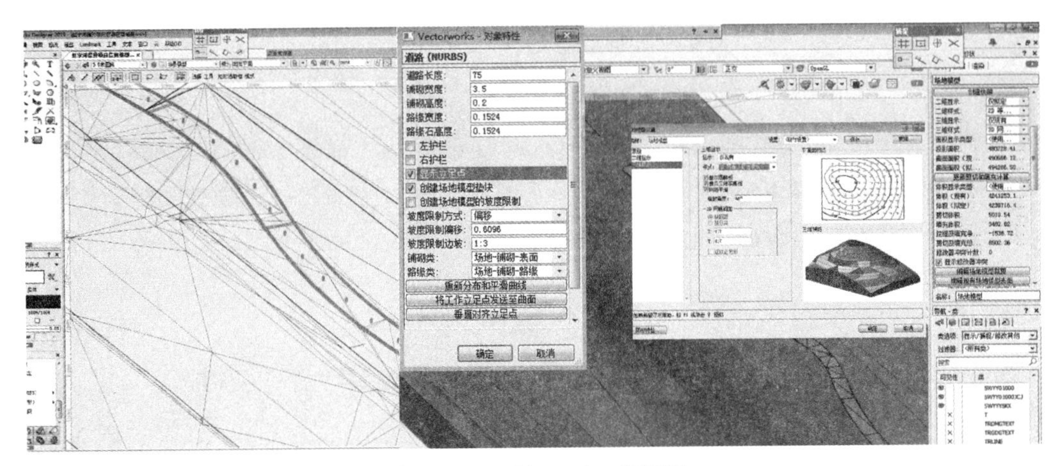

图 8-2-15　Vectorks 应用图

可视化、多专业深化节点设计，小品、构筑物模型及时完善企业的模型数据库。园建、绿化种植等多专业同步深化景观节点模型，及时发现设计过程中的错漏碰缺。

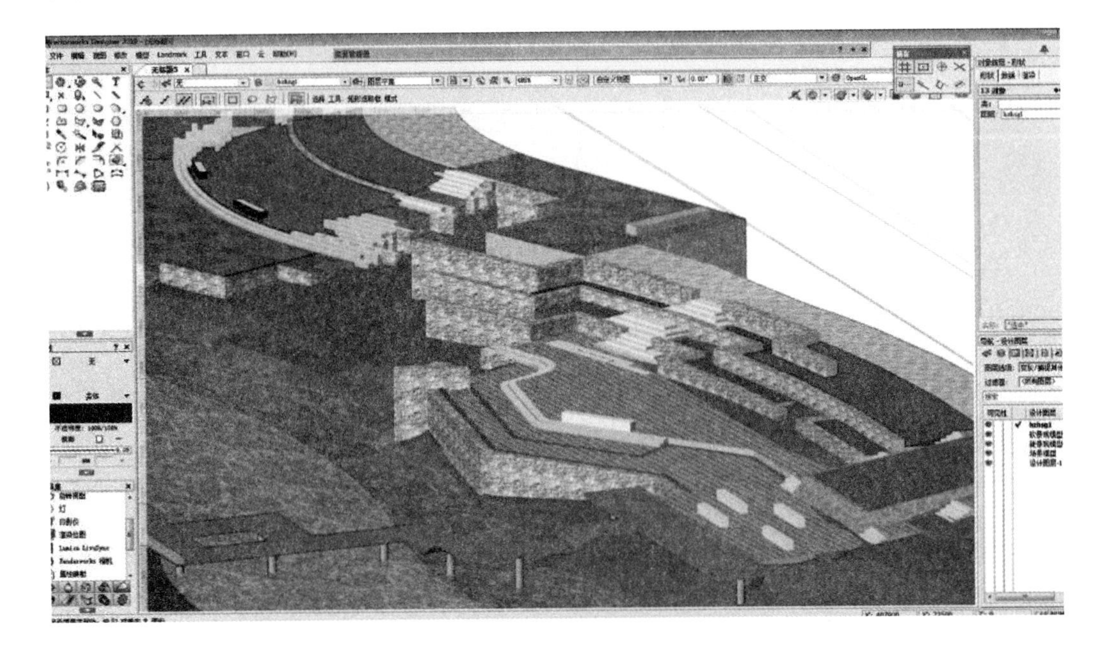

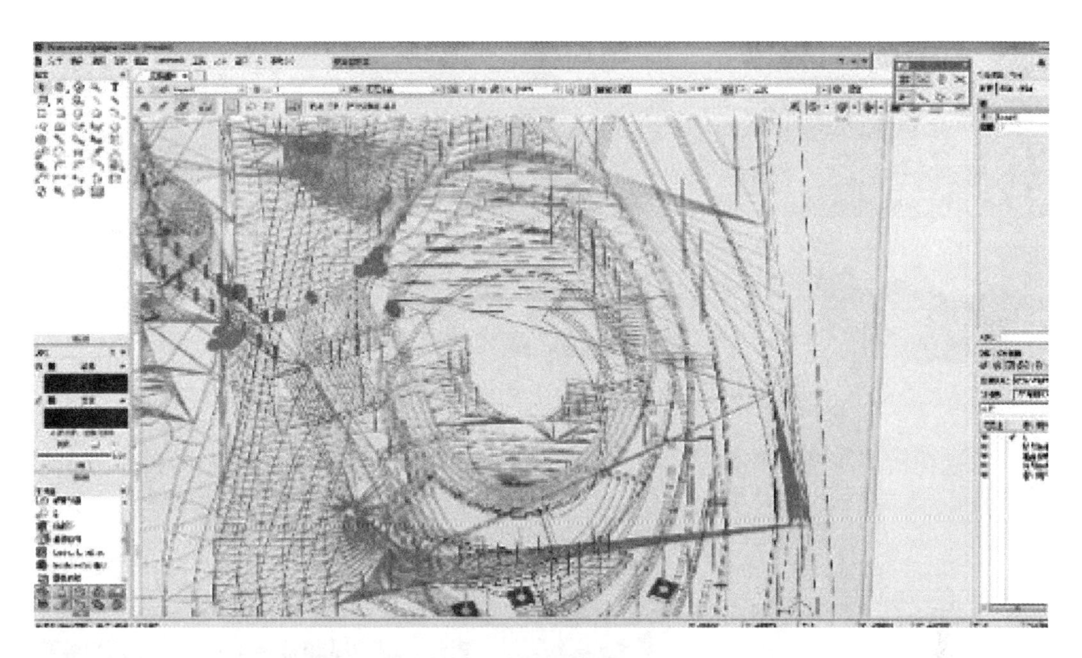

图 8-2-16　Vectorks 应用图

5. 仿真模拟

微地形塑造即时获取挖填方数据，科学塑造空间高差。

通过模拟项目场地 24 小时光照轨迹，合理搭配植物种植组团，如图 8-2-17 所示。

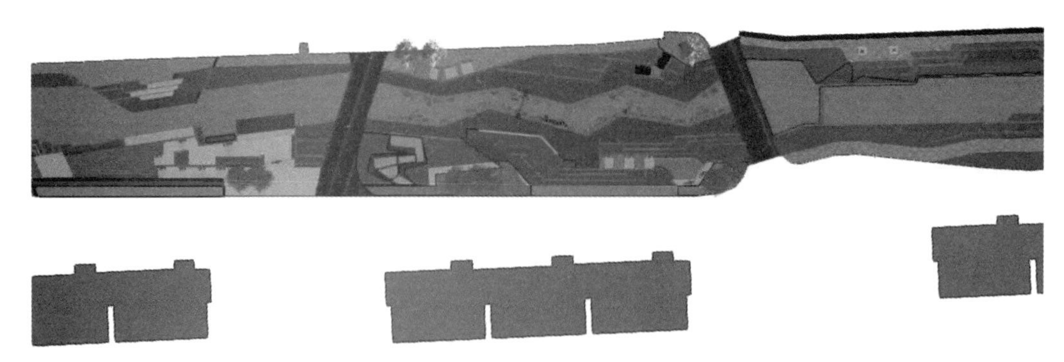

图 8-2-17 植物光照模拟

可视化模拟河道防洪水位，科学进行永久性硬质景观设计，如图 8-2-18 所示。

图 8-2-18 汛期水位模拟

通过对景观节点进行声源分析，保证节点私密性需求，如图 8-2-19 所示。

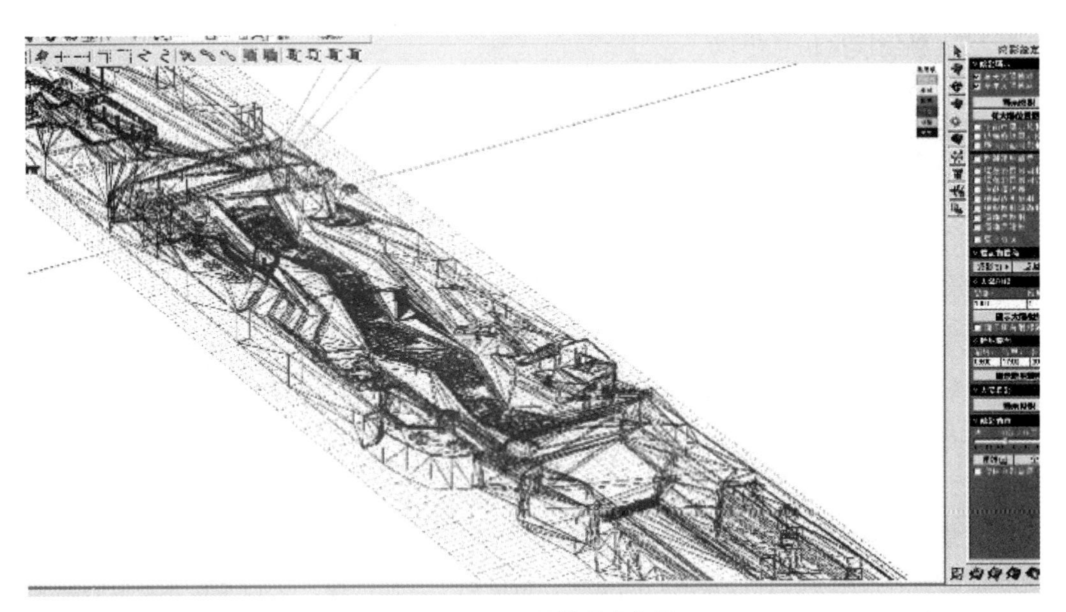

图 8-2-19 区域噪声分析

6. 高精度模型深化

(1) 硬景模型标准化。

铺装、挡墙等硬景模型标准化。将常用的铺装、挡墙等硬质景观的做法制作成标准化的通用组件，节省项目的详图绘制时间。

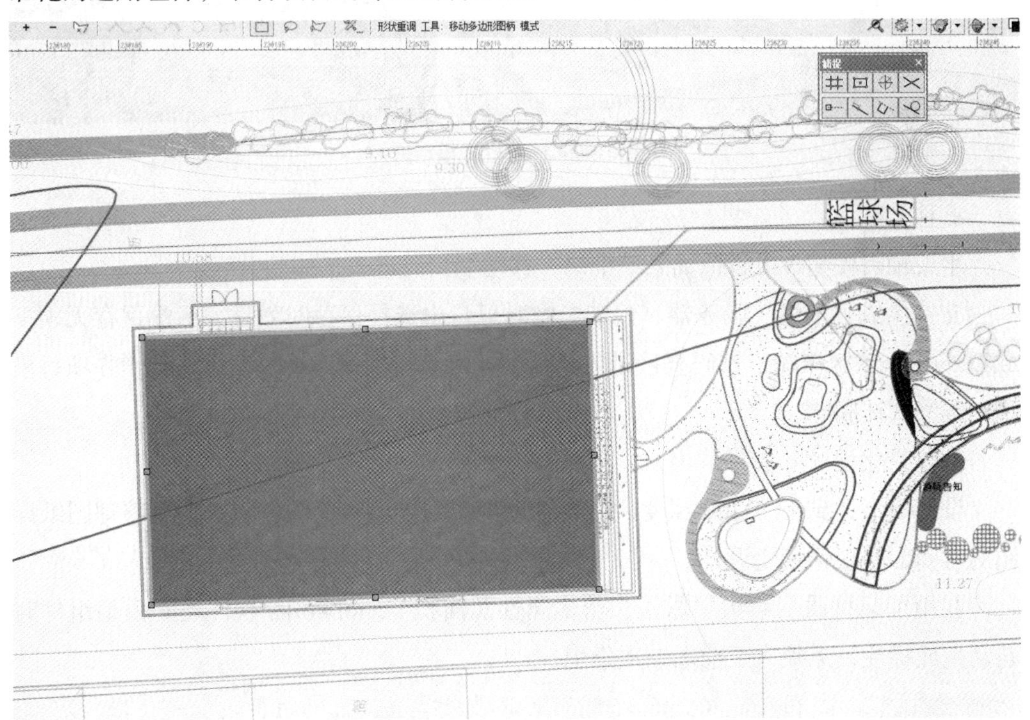

图 8-2-20 硬景模型

（2）植物模型信息化。

集成信息完备的植物种植模型，结合项目完善企业内景观模型数据库，使信息数据更加完善，直观呈现，贯穿工程上下游，方便甲方领会设计意图。后期结合大数据将不同苗圃的厂家信息加入模型信息当中，方便施工选苗。

（3）栏杆模块化。

模块化生成栏杆模型，并及时收入模型库。将扶手、立柱、挡板快速组合，提高建模效率，使数据更加精准。

7. 轻量化设计 – 可视联动

实现 Vectorworks 与 Lumion 的实时联动渲染呈现，方案设计阶段调改可视化，减少返工，提高效率。

实现可视化即时联动，使设计模型发生变动，Lumion 即时渲染，即刻呈现，设计人员能够直观地感受设计成果的空间变化，可应用于沟通汇报，头脑风暴等多个场景。

图 8–2–21　栏杆模型库

8. 移动端演示

生成项目模型 VR 虚拟场景二维码，移动端扫码进入，体验升级。

支持生成到本地、服务器、云端，同时可自由选择保存时效性，云端保存无须下载额外的 App 客户端，扫码直接进入场景，同时支持一键 VR 眼镜模式，增强项目模型的沉浸式体验感。

9. 轻量化设计 – 成果输出

设计模型达到 LOD300 深度后，直接利用模型导出施工图，省去大量整理图纸详图的时间，实现轻量化设计。

在用铺装材质、结构层做法、苗木属性及面积 Vectorworks 软件建立模型组件时自动生成标注，无须人工描图二次索引。

10. 施工模拟与技术交底

实现场地施工进度模拟、海绵城市施工工序模拟，可视化技术交底，用 BIM 模型对接施工方。

施工方可直接使用设计模型进行深化，进行施工材料进出场模拟、物料堆放模拟等。

图 8-2-22　施工进度、海绵城市施工工序模拟

四、创新应用

1. BIM+

BIM+GIS环境模型

根据需求及实际情况，大场景借助GIS-DEM数据生成场地现状环境模型，小场景下利用倾斜摄影实现高精度场景还原

BIM+VR实景体验

利用项目BIM模型，实现轻量化移动VR体验，加强各方对项目的理解，推动项目进展

BIM+GPS定位踏勘

景观专业不同于其他市政专业，单凭环境模型对于场地现状了解是远远不够的，更需要亲力亲为，实地感受场地空间、环境，可定位的细节影像对于景观专业尤为重要

BIM+LIVE实时联动

设计师在设计项目的时候，往往需要耗费大量的精力去“幻想”设计的可行性及落地性，通过实时联动技术，能够使设计师第一时间对自己的设计进行空间、效果感知

图 8-2-23　BIM+ 图

2. 全生命周期方案

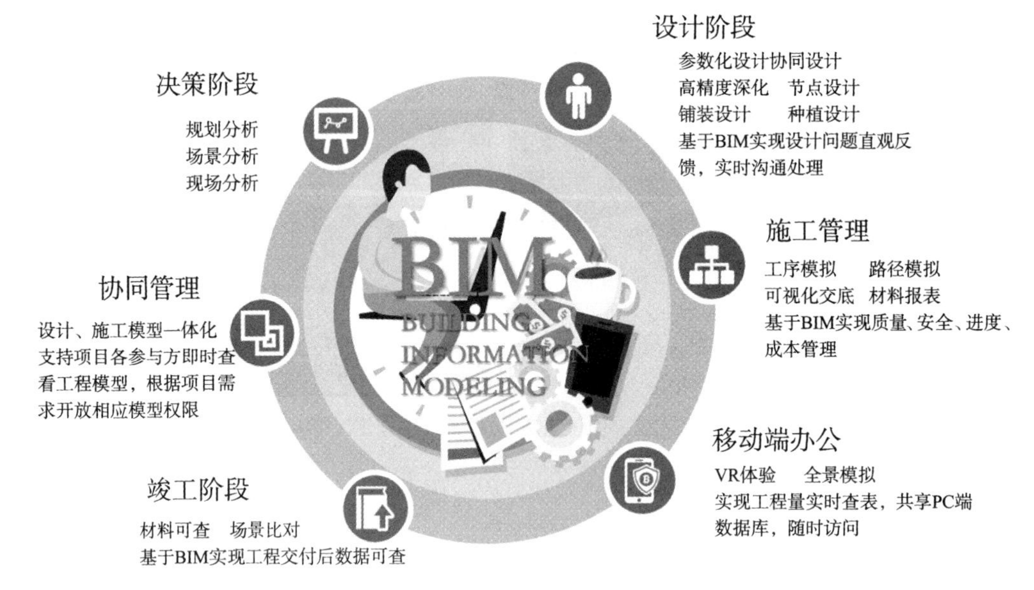

图 8-2-24　全生命周期

3. 标准化构件

标准化的参数构件，极大地简化了模型构件的设计过程，提高了建模效率，丰富了模型功能。

自动生成参数的景观构件模型，如图 8-2-25 所示。

输出场景内构件使用报告以及详细的材料报表。

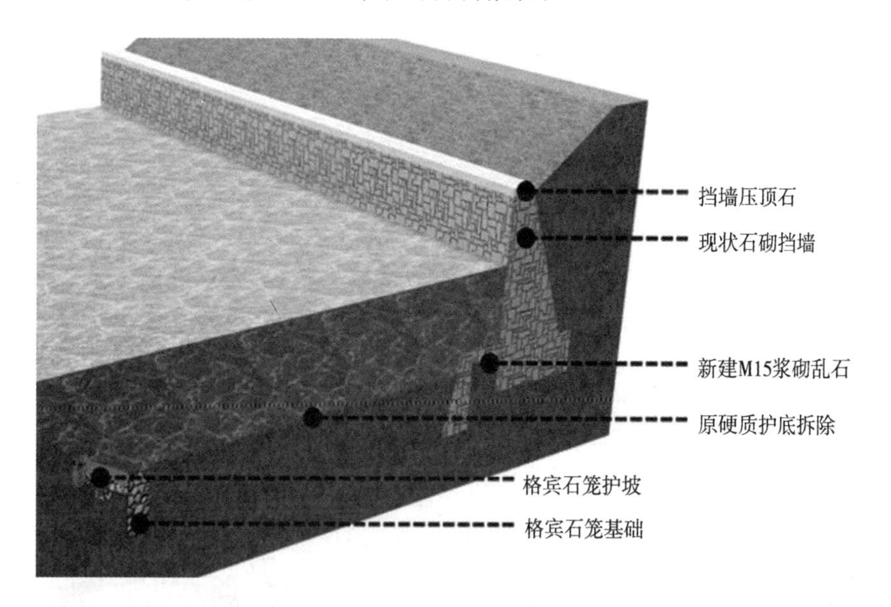

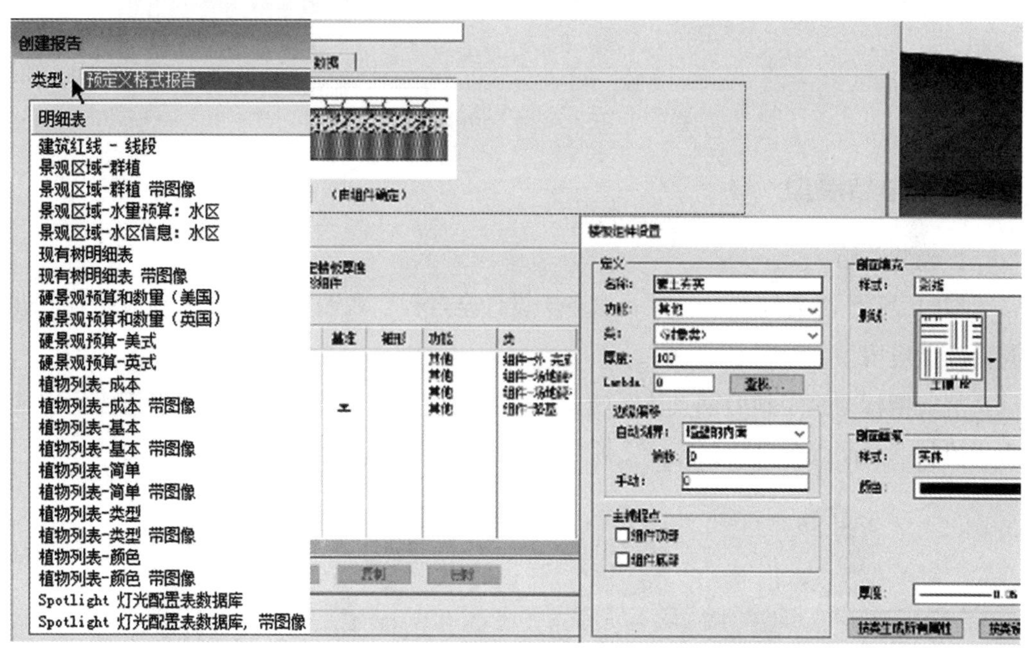

图 8-2-25 构件模型图

4. 路径模拟

结合项目模型生成 Auto Turn 路径模型，实现车辆碰撞转弯路线模拟。

手动选择车辆参数及绘制路径进行模拟，实现车辆进出场、转弯路径模拟，反馈至设计模型，及时发现碰撞偏移问题。

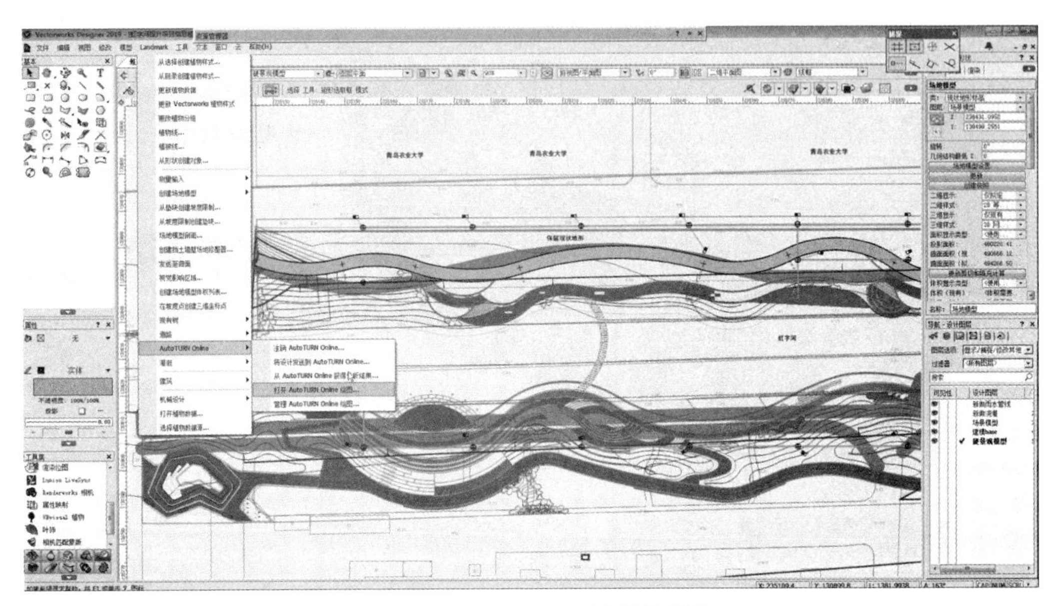

图 8-2-26　Auto Turn 路径模型图

五、总结展望

1. 经验总结

即时设计，参数建模。该项目服务于设计全过程，在四大阶段、19 项应用点上进行落地性应用。

从前期标准制定到后期具体实施，从方案前期到施工图设计，从建模搭建到质量合规控制，全面服务设计，充分发挥 BIM 优势，实现高品质设计的目标。

图 8-2-27　设计阶段

2. 技术展望

未来，我们会继续探索 BIM 技术在景观领域能够带来的实际效益。

图 8-2-28　BIM 技术应用

参考文献

［1］张海龙. BIM技术在市政基础设施项目中的应用研究［D］. 北京建筑大学，2018.

［2］姬涛. BIM技术在道路桥梁设计优化方面的应用［J］. 河南科技，2018（26）：118-119.

［3］梁鹏. BIM技术在道路桥梁设计优化方面的应用［J］. 四川水泥，2017（07）：125.

［4］冀程. BIM技术在轨道交通工程设计中的应用［J］. 地下空间与工程学报，2014，10（S1）：1663-1668.

［5］刘宇闻，叶春，陶聪. BIM技术在立交改造工程全生命周期的应用研究［J］. 施工技术，2017，46（S1）：1060-1063.

［6］涂俊，王玉银，刘昌永. 基于BIM的城市景观桥梁深化设计方法［J］. 工程管理学报，2019，33（04）：71-75.